"十二五"职业教育国家规划教材
经全国职业教育教材审定委员会审定

动态网页编程基础

陈丁君　王荣欣　主　编

电子工业出版社.
Publishing House of Electronics Industry
北京·BEIJING

<h1 style="text-align:center">内 容 简 介</h1>

本书根据教育部颁发的《中等职业学校专业教学标准（试行）信息技术类（第一辑）》中的相关教学内容和要求编写，从满足经济发展对高素质劳动者和技能型人才的需求出发，在课程结构、教学内容、教学方法等方面进行了新的探索与改革创新，以利于学生更好地掌握本课程的内容，利于学生理论知识的掌握和实际操作技能的提高。

本书按照网站项目开发流程和 PHP 网站设计规范要求，以创建"绿蕾教育网"项目为主线，将复杂的 PHP 动态网页编程技术转化为多个通俗易懂的任务。全书分为学习篇和综合实训篇，每个任务完成网站项目中的一部分功能，最后汇成整个网站；综合实训篇由基本信息型企业网站、机关事业单位网站和企业网站三个商业网站案例组成。各任务操作步骤清晰，有利于初学者比较系统地学习 PHP 动态网页编程技术，掌握 PHP 动态网站项目的开发方法及过程。

本书是网站建设与管理专业的专业核心课程教材，可作为各类计算机网络培训班的教材，还可以供网站建设与管理人员参考学习。本书配有教学指南、电子教案和案例素材，详见前言。

未经许可，不得以任何方式复制或抄袭本书之部分或全部内容。

版权所有，侵权必究。

图书在版编目（CIP）数据

动态网页编程基础 / 陈丁君，王荣欣主编. —北京：电子工业出版社，2016.5

ISBN 978-7-121-24899-3

Ⅰ. ①动… Ⅱ. ①陈… ②王… Ⅲ. ①网页制作工具—中等专业学校—教材 Ⅳ. ①TP393.092

中国版本图书馆 CIP 数据核字（2014）第 275015 号

策划编辑：关雅莉
责任编辑：郝黎明
印　　刷：北京虎彩文化传播有限公司
装　　订：北京虎彩文化传播有限公司
出版发行：电子工业出版社
　　　　　北京市海淀区万寿路 173 信箱　邮编　100036
开　　本：787×1 092　1/16　印张：13.25　字数：339.2 千字
版　　次：2016 年 5 月第 1 版
印　　次：2024 年 1 月第 5 次印刷
定　　价：32.00 元

凡所购买电子工业出版社图书有缺损问题，请向购买书店调换。若书店售缺，请与本社发行部联系，联系及邮购电话：（010）88254888，88258888。

质量投诉请发邮件至 zlts@phei.com.cn，盗版侵权举报请发邮件至 dbqq@phei.com.cn。

本书咨询联系方式：（010）88254589。

编审委员会名单

主任委员：

武马群

副主任委员：

王　健　韩立凡　何文生

委　　员：

丁文慧	丁爱萍	于志博	马广月	马永芳	马玥桓	王　帅	王　苒	王　彬
王晓姝	王家青	王皓轩	王新萍	方　伟	方松林	孔祥华	龙天才	龙凯明
卢华东	由相宁	史宪美	史晓云	冯理明	冯雪燕	毕建伟	朱文娟	朱海波
向　华	刘　凌	刘　猛	刘小华	刘天真	关　莹	江永春	许昭霞	孙宏仪
杜　珺	杜宏志	杜秋磊	李　飞	李　娜	李华平	李宇鹏	杨　杰	杨　怡
杨春红	吴　伦	何　琳	佘运祥	邹贵财	沈大林	宋　薇	张　平	张　侨
张　玲	张士忠	张文库	张东义	张兴华	张呈江	张建文	张凌杰	张媛媛
陆　沁	陈　玲	陈　颜	陈丁君	陈天翔	陈观诚	陈佳玉	陈泓吉	陈学平
陈道斌	范铭慧	罗　丹	周　鹤	周海峰	庞　震	赵艳莉	赵晨阳	赵增敏
郝俊华	胡　尹	钟　勤	段　欣	段　标	姜全生	钱　峰	徐　宁	徐　兵
高　强	高　静	郭　荔	郭立红	郭朝勇	黄　彦	黄汉军	黄洪杰	崔长华
崔建成	梁　姗	彭仲昆	葛艳玲	董新春	韩雪涛	韩新洲	曾平驿	曾祥民
温　晞	谢世森	赖福生	谭建伟	戴建耘	魏茂林			

序 | PROLOGUE

当今是一个信息技术主宰的时代，以计算机应用为核心的信息技术已经渗透到人类活动的各个领域，彻底改变着人类传统的生产、工作、学习、交往、生活和思维方式。和语言和数学等能力一样，信息技术应用能力也已成为人们必须掌握的、最为重要的基本能力。可以说，信息技术应用能力和计算机相关专业，始终是职业教育培养多样化人才，传承技术技能，促进就业创业的重要载体和主要内容。

信息技术的发展，特别是数字媒体、互联网、移动通信等技术的普及应用，使信息技术的应用形态和领域都发生了重大的变化。第一，计算机技术的使用扩展至前所未有的程度，桌面电脑和移动终端（智能手机、平板电脑等）的普及，网络和移动通信技术的发展，使信息的获取、呈现与处理无处不在，人类社会生产、生活的诸多领域已无法脱离信息技术的支持而独立进行。第二，信息媒体处理的数字化衍生出新的信息技术应用领域，如数字影像、计算机平面设计、计算机动漫游戏和虚拟现实等。第三，信息技术与其他业务的应用有机地结合，如商业、金融、交通、物流、加工制造、工业设计、广告传媒和影视娱乐等，使之各自形成了独有的生态体系，综合信息处理、数据分析、智能控制、媒体创意和网络传播等日益成为当前信息技术的主要应用领域，并诞生了云计算、物联网、大数据和 3D 打印等指引未来信息技术应用的发展方向。

信息技术的不断推陈出新及应用领域的综合化和普及化，直接影响着技术、技能型人才的信息技术能力的培养定位，并引领着职业教育领域信息技术或计算机相关专业与课程改革、配套教材的建设，使之不断推陈出新、与时俱进。

2009 年，教育部颁布了《中等职业学校计算机应用基础大纲》。2014 年，教育部在 2010 年新修订的专业目录基础上，相继颁布了"计算机应用、数字媒体技术应用、计算机平面设计、计算机动漫与游戏制作、计算机网络技术、网站建设与管理、软件与信息服务、客户信息服务、计算机速录"等 9 个信息技术类相关专业的教学标准，确定了教学实施及核心课程内容的指导意见。本套教材就是以以上大纲和标准为依据，结合当前最新的信息技术发展趋势和企业应用案例组织开发和编写的。

本书的主要特色

● 对计算机专业类相关课程的教学内容进行重新整合

本套教材本套教材面向学生的基础应用能力，设定了系统操作、文档编辑、网络使用、数据分析、媒体处理、信息交互、外设与移动设备应用、系统维护维修、综合业务运用等内容；针对专业应用能力，根据专业和职业能力方向的不同，结合企业的具体应用业务规划了教材内容。

● 以岗位工作过程来确定学习任务和目标，综合提升学生的专业能力、过程能力和职位差异能力

本套教材通过以工作过程为导向的教学模式和模块化的知识能力整合结构，力求实现产业需求与专业设置、职业标准与课程内容、生产过程与教学过程、职业资格证书与学历证书、终身学习与职业教育的"五对接"。从学习目标到内容的设计上，本套教材不再仅仅是专业理论内容的复制，而是经由职业岗位实践——工作过程与岗位能力分析——技能知识学习应用内化的学习实训导引和案例。借助知识的重组与技能的强化，达到企业岗位情境和教学内容要求相贯通的课程融合目标。

● 以项目教学和任务案例实训为主线

本套教材通过项目教学，构建了工作业务的完整流程和岗位能力需求体系。项目的确定应遵循三个基本目标：核心能力的熟练程度，技术更新与延伸的再学习能力，不同业务情境应用的适应性。教材借助以校企合作为基础的实训任务，以应用能力为核心、以案例为线索，通过设立情境、任务解析、引导示范、基础练习、难点解析与知识延伸、能力提升训练和总结评价等环节，引领学习者在完成任务的过程中积累技能、学习知识，并迁移到不同业务情境的任务解决过程中，使学习者在未来可以从容面对不同应用场景的工作岗位。

当前，全国职业教育领域都在深入贯彻全国职教工作会议精神，学习领会中央领导对职业教育的重要批示，全力加快推进现代职业教育。国务院出台的《加快发展现代职业教育的决定》明确提出要"形成适应发展需求、产教深度融合、中职高职衔接、职业教育与普通教育相互沟通，体现终身教育理念，具有中国特色、世界水平的现代职业教育体系"。现代职业教育体系的建立将带来人才培养模式、教育教学方式和办学体制机制的巨大变革，这无疑给职业院校信息技术应用人才培养提出了新的目标。计算机类相关专业的教学必须要适应改革，始终把握技术发展和技术技能人才培养的最新动向，坚持产教融合、校企合作、工学结合、知行合一，为培养出更多适应产业升级转型和经济发展的高素质职业人才做出更大贡献！

前言 | PREFACE

为建立健全教育质量保障体系，提高职业教育质量，教育部于 2014 年颁布了中等职业学校专业教学标准（以下简称专业教学标准）。专业教学标准是指导和管理中等职业学校教学工作的主要依据，是保证教育教学质量和人才培养规格的纲领性教学文件。在"教育部办公厅关于公布首批《中等职业学校专业教学标准（试行）》目录的通知"（教职成厅[2014]11 号文）中，强调"专业教学标准是开展专业教学的基本文件，是明确培养目标和规格、组织实施教学、规范教学管理、加强专业建设、开发教材和学习资源的基本依据，是评估教育教学质量的主要标尺，同时也是社会用人单位选用中等职业学校毕业生的重要参考。"

本书特色

本书根据教育部颁发的《中等职业学校专业教学标准（试行）信息技术类（第一辑）》中的相关教学内容和要求编写。

本书在内容选取上以"实用"、"够用"为主，尽量不涉及过于深奥而抽象的专业术语，将理论知识和编程理念融入实践操作中，内容安排上由浅入深，循序渐进，对于较复杂的语句及程序代码，不求一次掌握，通过多个任务、多次反复的训练，使学生在不知不觉中渐渐学会并掌握 PHP 动态网页编程技术。本书按照网站项目开发流程和 PHP 网站设计规范要求，以创建"绿蕾教育网"项目为主线，将复杂的 PHP 动态网页编程技术转化为多个通俗易懂的任务，通过对课程的学习，让学生对 PHP 动态网页编程技术有个整体的把握和认识，了解 PHP 编程技术基本术语、网站项目开发流程和 PHP 网站设计规范，能够熟练掌握 PHP+Access 和 PHP+MySQL 动态网页编程技术。

当学生系统地学习这些知识后，具备利用 PHP 动态网页编程技术完成常见商用网站开发和维护的技能。

为了方便教学，我们还提供了为本书配套的电子资料包，主要包含以下内容：

- "绿蕾教育网"静态网站素材；
- "绿蕾教育网"数据库文件，含各频道栏目信息及图文资料；
- "绿蕾教育网"网站前后台源代码；
- 综合实训三个网站静态网站素材；
- 每个任务结束后的源代码，便于未按教学进度完成项目的学生使用。

本书作者

　　本书由陈丁君、王荣欣主编，本书第 1 章由陈丁君、张文涛编写，第 2 章由付海峰、梁晓鹏编写，第 3 章由刘伟、周茂编写，第 4 章由谢雨寒、王欣编写，第 5 章由王荣欣、丁建龙、班利辉编写，第 6 章及附录由陈丁君编写，综合实训篇由陈丁君、徐红霞、丁建龙、陈菲编写。全书由陈丁君统稿。

　　由于作者水平有限，书中难免有错误和不妥之处，恳请广大师生和读者批评指正。

教学资源

　　为了提高学习效率和教学效果，方便教师教学，作者为本书配备包括电子教案、教学指南、素材文件、微课，以及习题参考答案等配套的教学资源。请有此需要的读者登录华信教育资源网免费注册后进行下载，有问题时请在网站留言板留言或与电子工业出版社联系。

编　者

CONTENTS | 目录

学 习 篇

项 目 实 训

学 习 篇

第1章

了解动态网站编程技术

经过《网页设计与制作》的学习，我们已经学会了设计和制作一个完整的网站，但是，我们发现维护和更新这类网站工作量较大，技术要求也比较高，为了减轻网站维护和更新的工作量，我们将学习一种新的网站技术——动态网站技术。

动态网站是相对于静态网站而言的，并不是指网页上含有 GIF 动画图片、Flash 动画或视频等动画元素的网站，而是根据不同情况动态变更信息的网站，它除了需要设计网页框架（即静态网页）外，还要通过数据库和程序来使网站具有更多自动的和高级的功能。

本章将以"绿蕾教育网"为范例，介绍动态网站的基本结构，为学习动态网页编程奠定基础。

本章重点

- B/S 架构网络程序的工作原理
- 动态网页当前流行的编程技术
- 动态网站前、后台程序的使用
- Dreamweaver 站点的新建与管理
- PHP 网站的设计规范（文件及文件夹部分）
- PHP 集成环境的搭建方法

1.1 浏览动态网站

案例综述

想一想

C/S 架构的网络程序有何特点？

随着 Internet 技术的兴起，人们在 C/S 架构的基础上进行了改进，推出了 B/S（Browser/Server）

架构，即浏览器和服务器架构，动态网站即属于 B/S 架构的网络程序。在这种架构下，用户工作界面是通过 WWW 浏览器来实现的，主要事务逻辑在服务器端（Server，服务器）实现，极少部分事务逻辑在前端（Browser，浏览器）实现，形成所谓三层架构，如图 1-1 所示。这样就大大简化了客户端计算机载荷，减轻了系统维护与升级的成本和工作量，降低了用户的总体成本。

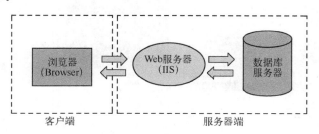

图 1-1　B/S 三层架构

动态网站的主要特点：

➢　可以实现交互功能，如用户注册、信息发布等；

➢　动态网页不是独立存在于服务器的网页文件，而是浏览器发出请求时动态生成的网页；

➢　动态网页中包含有服务器端脚本，页面文件名通常以 asp、aspx、php、jsp 等为后缀；

➢　动态网站通常需要连接数据库进行数据处理，所以访问速度一般要比静态网站慢；

➢　动态网页由于存在特殊代码，相比较静态网页，对搜索引擎的友好程度相对要弱。

　　一个标准的动态网站通常分为前台页面、后台页面和数据库三部分，其中，前台页面至少包含主页、列表页和内容页三个动态页面文件，本例将以"绿蕾教育网"为范例介绍动态网站的基本结构。

操作步骤

1．浏览前台网页

（1）打开主页

　　启动浏览器，在地址栏输入绿蕾教育网的网址，打开绿蕾教育网的主页，该页面包含页头、主信息、分隔条、次信息、友情链接和页脚 6 个区域，如图 1-2 所示。

　　① 页头区域：重要资讯链接、设为主页操作、收藏本站操作、用户登录操作或用户信息显示、网站 Logo、网站 Banner、关键字搜索操作、主菜单、热门关键字、广告位 Head01。其中用户信息显示和广告位 Head01 为服务器端动态生成信息。

　　② 主信息区域：置顶"专业设置"列表（最多 10 条）、网站统计信息、广告位 Index01、最新非置顶图片新闻（最多 2 条）、最新文字新闻（最多 10 条）、公告信息滚动条（最多 6 条）、招生就业信息列表（最多 10 条）、Flash 滚动焦点图（最新置顶图片新闻，最多 5 条）、最新外包（最新勤工俭学信息，最多 12 条）。该区域均为服务器端动态生成信息。

　　③ 分隔条区域：广告位 Index02、最新图片展示信息（最多 7 条）、广告位 Index03。该区域均为服务器端动态生成信息。

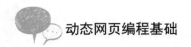

① 页头区域

② 主信息区域

③ 分隔条区域

④ 次信息区域

⑤ 友情链接区域

⑥ 页脚区域

图 1-2　绿蕾教育网主页

④ 次信息区域：技术文章的 9 个栏目中，各自的最新置顶（最多 1 条）和最新文章（最多 6 条）列表、最新资源信息列表（最多 22 条）、网站调查操作。该区域除了网站调查操作外均为服务器端动态生成信息。

⑤ 友情链接区域：按字母检索条（用于分隔上一个区域）、图片型友情链接信息（最多 20 条）、文字型友情链接信息（最多 20 条）。该区域均为服务器端动态生成信息。

⑥ 页脚区域：全能搜索操作、网站地图、部分操作链接及版权信息等。其中，"《中华人民共和国增值电信业务经营许可证》冀 ICP 备 05004373 号"必须根据工业和信息化部要求申请和放置，必须位于网站首页底部居中位置。

（2）浏览列表页

单击页头区域部分主菜单中的"频道"链接（例如："技术文章"链接），即可打开列表页，该页面除包含页头和页脚之外，还有动态生成信息的位置导航、栏目列表（如果存在下级栏目，则显示下一级栏目名称和链接，否则显示本级栏目名称和链接）、最新精品推荐信息列表（最多 5 条）、本类最新热门信息列表（最多 5 条）、本栏目最新热门信息列表（最多 5 条）、最新本栏目精品推荐信息列表（最多 5 条）、广告位 list01、列表信息显示（每页 10 条）、分页工具条等，如图 1-3 所示。

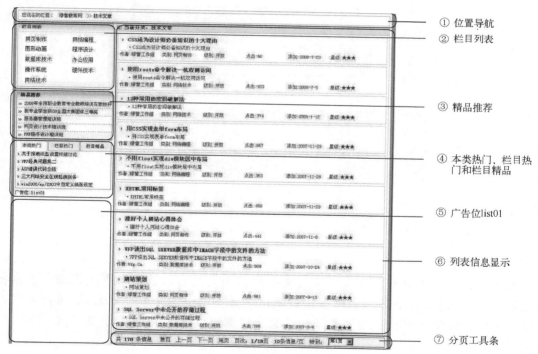

① 位置导航
② 栏目列表
③ 精品推荐
④ 本类热门、栏目热门和栏目精品
⑤ 广告位list01
⑥ 列表信息显示
⑦ 分页工具条

图 1-3　列表页

（3）浏览内容页（图文信息）

单击列表信息中的相关文章标题，例如"CSS 成为设计师必备知识的十大理由"，即可打开内容页面，该页面除包含页头和页脚、位置导航、栏目列表（如果存在下级栏目，则显示下一级栏目名称和链接，否则显示本级栏目名称和链接）、最新精品推荐信息列表（最多 5 条）、本类最新热门信息列表（最多 5 条）、本栏目最新热门信息列表（最多 5 条）、最新本栏目精品推荐信息列表（最多 5 条）、广告位 ArtInfo01（规格和位置同 list01）之外，还有广告位 ArtInfo02

和 ArtInfo03、图文信息显示（标题、作者、来源、点击数、更新时间、图文内容等）、页面操作工具条（收藏、打印和关闭）、相关信息显示（本文关键字百度搜索、本文关键字谷歌搜索、上一篇和下一篇列表）、针对本文的最新评论信息（最多 5 条）、针对本文发表评论操作等，如图 1-4 所示。

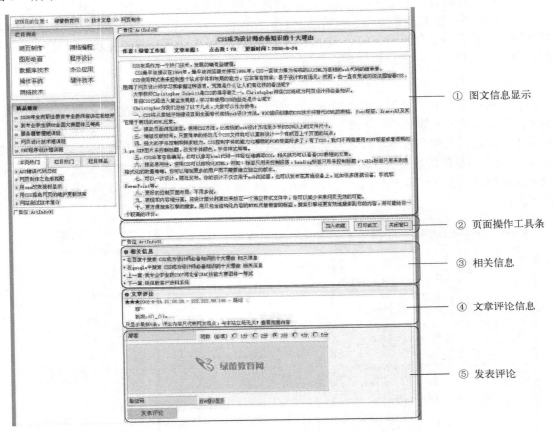

图 1-4　内容（图文信息）页面

（4）搜索信息

本网站提供了 4 种搜索方式：按关键字搜索图文及资源信息（页头关键字搜索和热门搜索）、按标题第一个英文字母搜索资源信息（首页中的字母搜索）、绿蕾搜索（按关键字、标题、内容全面搜索图文及资源信息）和调用百度/谷歌搜索引擎（按关键字站内搜索）。

在绿蕾搜索框中输入"中考"，单击"绿蕾搜索"按钮，即可打开搜索结果信息列表页面，该页面包含页头和页脚、整站最新精品推荐信息列表（包括图文和资源，最多 10 条）、整站最新热门信息列表（最多 10 条）、广告位 Search01（规格和位置同 list01）、搜索结果列表信息显示（同信息列表页面）、分页工具条等，如图 1-5 所示。

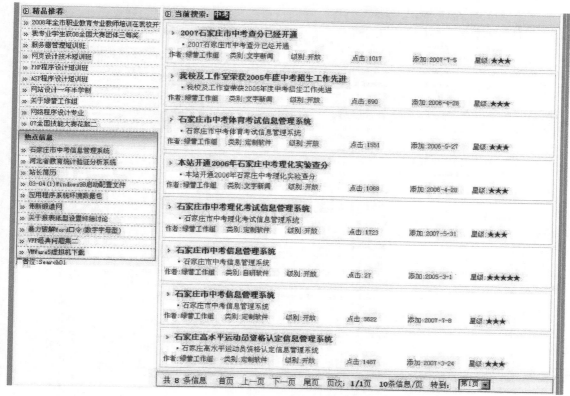

图 1-5 "中考" 搜索结果列表信息页面

（5）浏览内容页（下载资源）

在上述搜索页面中找到"自研软件"类别的"石家庄市中考信息管理系统"信息，单击该链接，即可打开"资源信息"页面，该页面除包含页头和页脚、位置导航、栏目列表（如果存在下级栏目，则显示下一级栏目名称和链接，否则显示本级栏目名称和链接）、最新精品推荐信息列表（最多 5 条）、本类最新热门信息列表（最多 5 条）、本栏目最新热门信息列表（最多 5 条）、最新本栏目精品推荐信息列表（最多 5 条）、广告位 ResInfo01（规格和位置同 list01）之外，还有广告位 ResInfo02～ResInfo06、资源信息显示（运行环境、语言环境、授权方式、资源等级、整理时间、资源作者、主页/演示、源码大小、资源界面图、浏览次数、下载次数、资源内容介绍等）、下载页面（资源下载链接，最多 4 条）、相关信息显示（本文关键字百度搜索、本文关键字谷歌搜索、上一篇和下一篇列表）、针对本资源的最新评论信息（最多 5 条）、针对本资源发表评论操作等，如图 1-6 所示。

（6）会员注册

单击页面右上角的"注册"按钮，即可打开"用户注册"页面，该页面除包含页头和页脚外，还有用户注册协议和用户注册表单（用户名、密码、再次输入密码、真实姓名、性别、城市、E-mail 和验证码），如图 1-7 所示。

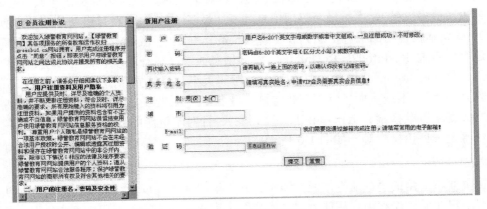

图 1-6　内容（资源信息）页面

图 1-7　用户注册页面

（7）申请友情链接

单击页面左下角的"**友情链接**"链接，即可打开"**友情链接申请**"页面，该页面除包含页头和页脚外，还有友情链接申请协议和友情链接申请表单（网站名称、网站地址、联系人、E-mail、网站链接类型、网站 Logo 地址、网站描述和验证码），如图 1-8 所示。

图 1-8 友情链接申请页面

（8）用户登录

在右上角输入用户名"83"、密码"83"和验证码后，单击"登录"按钮，即可登录到本站，也可以用自己注册的用户名和密码登录。用户登录后，该区域将显示用户相关信息，如图 1-9 所示。

图 1-9 登录用户相关信息

2. 使用后台程序

（1）后台管理主页

用户登录后，在用户信息显示区域将出现"管理中心"链接，单击该链接即可进入后台管理首页，该页面是由上、左、右 3 个页面组成的框架结构。其中，上部页面主要有用户名、用户级别、返回首页链接、修改用户信息链接和退出系统链接；左部页面为后台操作菜单页面，主要有用户管理（添加用户和管理用户）、信息管理（添加文章、添加资源和管理图文资源信息）、评论管理（管理评论）、友情链接管理、调查管理（添加调查和管理调查）、广告管理和版权信息；右部页面为网站相关信息显示，如图 1-10 所示。

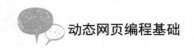

非管理员只能执行"修改用户信息"操作。

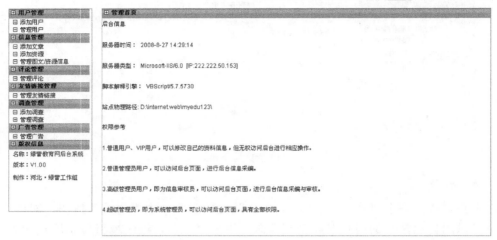

图 1-10 后台管理首页

（2）添加用户信息

单击"用户管理"中的"添加用户"链接，右部页面将打开添加用户信息页面，与用户注册页面不同，该页面允许设置用户权限，如图 1-11 所示。

图 1-11 添加用户信息页面

（3）管理用户信息

单击"用户管理"中的"管理用户"链接，右部页面将打开用户信息列表页面，如图 1-12 所示。在该页面中单击"修改"链接即可修改该行对应的用户信息，单击"删除"链接则可永久删除（SQL-Delete 操作）该行对应的用户。

修改用户信息页面与添加用户页面相同，在进行修改操作时，系统不允许操作人员执行修改用户名的操作，如果操作人员不输入密码，则用户名密码将被保留。

用户名	真实姓名	电子邮件	性别	城市	权限	最后登录IP	最后登录时间	最后登出时间	次数	操作
greenbud1	陈丁君	____@edu123.net	男	石家庄	未激活会员	222.222.50.146	2008-8-23 17:34:53	2008-8-23 17:34:56	3	修改 删除
811	陈丁君	____@www.com	男		普通会员				0	修改 删除
greenbud	绿蕾工作组	____@greenbu	男	石家庄	系统管理员	222.222.50.146	2008-9-24 20:52:01	2008-8-24 21:27:30	1	修改 删除
83	8311	____@ddd.com	女		系统管理员	222.222.50.146	2008-8-25 23:36:11	2008-8-24 20:51:41	10	修改 删除
82			女		高级管理员				0	修改 删除
81	Demo测试用户	____@greenbud.cn	女	石家庄	普通管理员	222.222.50.146	2008-8-23 17:36:52	2008-8-23 17:33:37	6	修改 删除
0			女		未激活会员				0	修改 删除
freefish	zuo	____@126.com	女	ghf	未激活会员				0	修改 删除
1			女		普通会员	222.222.50.146	2008-8-20 21:10:54	2008-8-20 21:11:01	1	修改 删除
wwww	wwwww	____@126.com	男	wwww	未激活会员				0	修改 删除
2	11111111	____@126.com	男	1111111	VIP会员				0	修改 删除
的进口货	许阳	5____@qq.com	女	辽宁	未激活会员		2008-1-26	2008-1-27	6	修改 删除
扩大合发	刘颜	5____@qq.com	男	贵阳	普通管理员		2008-2-14	2007-12-16	4	修改 删除
我	许红	5____@qq.com	男	杭州	VIP会员		2008-1-23	2008-1-25	4	修改 删除
阿空间	陈秋水	5____@qq.com	女	苏州	普通会员		2008-1-16	2008-1-18	3	修改 删除

共 28 条信息　首页　上一页　下一页　尾页　页次：1/2页　15条信息/页　转到：第1页▼

图 1-12　用户信息列表页面

（4）发布图文信息

单击"信息管理"中的"添加文章"链接，右部页面将打开添加图文信息页面，如图 1-13 所示。

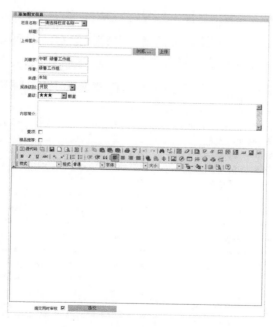

图 1-13　添加图文信息页面

（5）发布资源信息

单击"信息管理"中的"添加资源"链接，右部页面将打开添加资源信息页面，如图 1-14 所示。

图 1-14　添加资源信息页面

（6）管理图文及资源信息

单击"信息管理"中的"管理图文/资源信息"链接，右部页面将打开信息列表页面，该页面分为信息筛选工具条、信息列表、操作和分页工具条 4 个部分，如图 1-15 所示。

类别	标题	作者	时间	操作				
图片新闻	我专业学生获2007河北省CEAC技能大赛团体一等奖	绿蕾工作组	2008-8-24	修改	取消审核	通过推荐	取消置项	删除
图片新闻	2008年全市职业教育专业教师培训在我校开班	绿蕾工作组	2008-8-24	修改	取消审核	取消推荐	取消置项	删除
就业动态	本市某单位来我校招工	绿蕾工作组	2008-8-24	修改	取消审核	通过推荐	通过置项	删除
招生信息	08高中起点专业开始招生	绿蕾工作组	2008-8-24	修改	取消审核	通过推荐	通过置项	删除
认证考试	全国计算机等级考试各级要求	绿蕾工作组	2008-8-24	修改	取消审核	通过推荐	通过置项	删除
认证考试	电子商务技术员考试考纲	绿蕾工作组	2008-8-24	修改	取消审核	通过推荐	通过置项	删除
推荐网站	www.█████.com.cn	绿蕾工作组	2008-8-24	修改	取消审核	通过推荐	通过置项	删除
推荐网站	www.█████.com.ua	绿蕾工作组	2008-8-24	修改	取消审核	通过推荐	通过置项	删除
推荐网站	www.█████.co.kr	绿蕾工作组	2008-8-24	修改	取消审核	通过推荐	通过置项	删除
推荐网站	www.█████.com	绿蕾工作组	2008-8-24	修改	取消审核	通过推荐	通过置项	删除
推荐网站	www.███.com.cn	绿蕾工作组	2008-8-24	修改	取消审核	通过推荐	通过置项	删除
推荐网站	www.██████████.com	绿蕾工作组	2008-8-24	修改	取消审核	通过推荐	通过置项	删除
推荐网站	www.█████.co.nz	绿蕾工作组	2008-8-24	修改	取消审核	通过推荐	通过置项	删除
推荐网站	www.██████.com	绿蕾工作组	2008-8-24	修改	取消审核	通过推荐	通过置项	删除
图片新闻	我专业学生获08全国大赛团体三等奖	绿蕾工作组	2008-8-24	修改	取消审核	取消推荐	取消置项	删除

共 347 条信息　首页 上一页 下一页 尾页　页次：**1**/24页　15条信息/页　转到：第1页

图 1-15　信息列表页面

通过选择栏目类别、审核、置顶、精品推荐、删除等不同筛选条件的组合（组合条件之间为"AND"关系），可以有效、快捷地获取所需信息，系统默认筛选条件（单击链接打开该页面时）为未审核并且未删除的所有信息。

在该页面中单击相应"标题"即可在新页中打开该信息页面（前台图文或资源信息页面），

单击“修改”链接可修改该行对应的信息（信息修改根据栏目类型的不同，选择不同的信息编辑页面，与各自的信息添加页面相同）。

如果操作区显示“审核”则表明该条信息未通过审核，此时单击该链接可将该信息设置为通过审核；如果操作区显示“取消审核”则表明该条信息已经通过审核，此时单击该链接可将该信息设置为未通过审核。推荐、置顶和删除同理。这里的删除并非真正意义上的删除，只是在数据表中做了标记，前台将不显示该信息，被删除的信息操作区将显示“收回”操作指示。

（7）管理评论信息

单击“评论管理”中的“管理评论”链接，右部页面将打开评论信息列表页面，如图 1-16 所示。删除操作同“信息管理”，其中列表中的内容只显示评论内容的前 20 个字符，将鼠标指向“信息内容”时，将显示完整的评论内容。

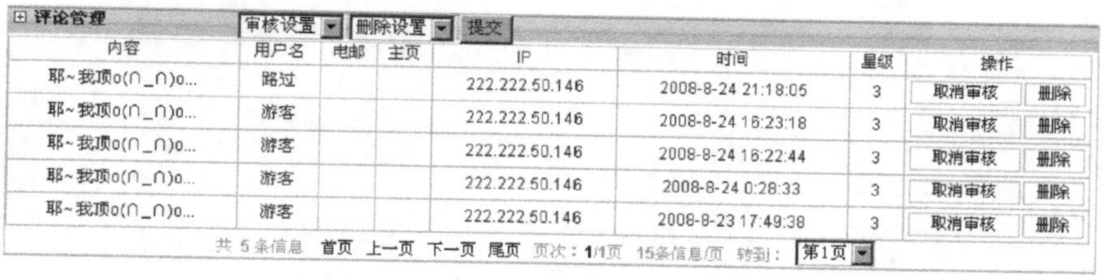

⊞ 评论管理　审核设置　删除设置　提交

内容	用户名	电邮	主页	IP	时间	星级	操作
耶~我顶o(∩_∩)o...	路过			222.222.50.146	2008-8-24 21:18:05	3	取消审核 删除
耶~我顶o(∩_∩)o...	游客			222.222.50.146	2008-8-24 16:23:18	3	取消审核 删除
耶~我顶o(∩_∩)o...	游客			222.222.50.146	2008-8-24 16:22:44	3	取消审核 删除
耶~我顶o(∩_∩)o...	游客			222.222.50.146	2008-8-24 0:28:33	3	取消审核 删除
耶~我顶o(∩_∩)o...	游客			222.222.50.146	2008-8-23 17:49:38	3	取消审核 删除

共 5 条信息　首页　上一页　下一页　尾页　页次：1/1页　15条信息/页　转到：第1页

图 1–16　评论信息列表页面

想一想

“评论列表”中显示完整评论内容用的 HTML 语句是：________________________。

（8）管理友情链接

单击“友情链接管理”中的“管理友情链接”，右部页面将打开友情链接信息列表页面，如图 1-17 所示。删除操作同“信息管理”。单击“名称”即可在新页面中打开对应的网站页面。友情链接信息添加由前台“友情链接申请页面”完成。

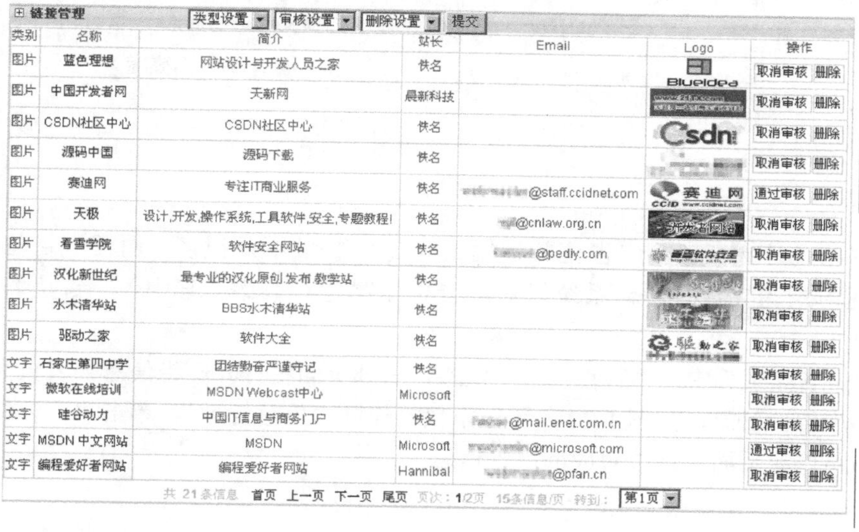

⊞ 链接管理　类型设置　审核设置　删除设置　提交

类别	名称	简介	站长	Email	Logo	操作
图片	蓝色理想	网站设计与开发人员之家	佚名		BlueIdea	取消审核 删除
图片	中国开发者网	天新网	晨新科技			取消审核 删除
图片	CSDN社区中心	CSDN社区中心	佚名		Csdn	取消审核 删除
图片	源码中国	源码下载	佚名			取消审核 删除
图片	赛迪网	专注IT商业服务	佚名	@staff.ccidnet.com	赛迪网 CCID	通过审核 删除
图片	天极	设计,开发,操作系统,工具软件,安全,专题教程!	佚名	@cnlaw.org.cn	开发者网络	取消审核 删除
图片	看雪学院	软件安全网站	佚名	@pediy.com	看雪软件安全	取消审核 删除
图片	汉化新世纪	最专业的汉化原创.发布.教学站	佚名			取消审核 删除
图片	水木清华站	BBS水木清华站	佚名			取消审核 删除
图片	驱动之家	软件大全	佚名		驱动之家	取消审核 删除
文字	石家庄第四中学	团结勤奋严谨守记	佚名			取消审核 删除
文字	微软在线培训	MSDN Webcast中心	Microsoft			取消审核 删除
文字	硅谷动力	中国IT信息与商务门户	佚名	@mail.enet.com.cn		取消审核 删除
文字	MSDN 中文网站	MSDN	Microsoft	@microsoft.com		通过审核 删除
文字	编程爱好者网站	编程爱好者网站	Hannibal	@pfan.cn		取消审核 删除

共 21 条信息　首页　上一页　下一页　尾页　页次：1/2页　15条信息/页　转到：第1页

图 1–17　友情链接信息列表页面

（9）添加调查信息

单击"调查管理"中的"添加调查"链接，右部页面将打开友情链接"添加调查信息"页面，如图 1-18 所示。由于网站中同一个时间内只能有一个被选中的调查信息，所以，当选中"提交同时置为当前投票"选项时，取消以前被选中的调查信息。

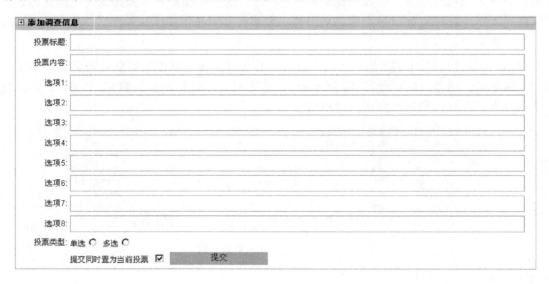

图 1-18　"添加调查信息"页面

（10）管理调查信息

单击"调查管理"中的"管理调查"链接，右部页面将打开调查信息列表页面，如图 1-19 所示。当鼠标指向"标题"时，将显示完整的调查内容，而单击"标题"将打开该调查的信息修改页面。当单击"选择"链接时，该调查将被置为当前调查，其他均取消当前调查设置。

标题	答题1	答题2	答题3	答题4	答题5	答题6	答题7	答题8	时间	类型	操作
来源调查	百度搜索(30)	搜狐搜索(15)	谷歌搜索(112)	通过网站的链接(26)	朋友告诉(129)	平面媒体（报纸、书籍等）(39)	其他途径(219)	0		单选	不选

共 1 条信息　首页　上一页　下一页　尾页　页次：**1/1**页　15条信息/页　转到：第1页

图 1-19　调查信息列表页面

（11）管理广告信息

由于网站设计完成后，广告位就被固定且广告数量不是很多，通常广告位信息在数据库建立过程中录入完成，后台系统只对广告位信息进行修改，其中，广告位编号和规格不做修改操作。

单击"广告管理"中的"管理广告"链接，右部页面将打开广告信息列表页面，该页面将显示所有的广告位信息，如图 1-20 所示。审核操作同"信息管理"。单击"广告位编号"即可打开广告信息修改页面，修改对应的广告信息。

图 1-20　广告信息列表页面

广告位编号	规格（宽*高）	标题	来源	简介	操作
ArtInfo01	250*n				通过审核
ArtInfo02	710*90				通过审核
ArtInfo03	710*90				通过审核
Head01	970*90	绿蕾网络	绿蕾工作组		取消审核
Index01	120*60				通过审核
Index02	970*90				通过审核
Index03	970*90				通过审核
list01	250*n				通过审核
ResInfo01	250*n				通过审核
ResInfo02	710*90				通过审核
ResInfo03	400*60				通过审核
ResInfo04	710*90				通过审核
ResInfo05	710*90				通过审核
ResInfo06	710*90				通过审核
Search01	250*n				通过审核

1.2　用 Dreamweaver 建立站点

案例综述

与静态网站设计不同，动态网站系统是基于网站服务器上运行的网络程序系统，在建立站点之前需要明确网络程序设计语言，建立动态网络程序的调试环境。

绿蕾教育动态网站系统采用 PHP+Access 技术开发而成，本案例是使用 PHP 一键安装包（phpStudy）建立 PHP 动态网站系统的开发和测试环境（学生上机环境详见附录 B，学校机房环境配置推荐方案）。

注意

本书以绿蕾工作组推荐的学校机房上机环境（详见附录 B）为背景。

小知识　目前常用的网络程序设计语言

（1）ASP（Active Server Pages）活动服务器网页

ASP 是微软公司开发的一种包含使用 VBScript（VBScript 是微软编程语言 Visual Basic 家族中的一个成员，可以看作 VB 的简化版，与 VBA 类似）或 JavaScript 脚本程序代码的网页技术。它没有提供自己专门的编程语言，而是允许用户使用许多已有的脚本语言编写 ASP 的应用程序。ASP 的程序编制比 HTML 更方便且更有灵活性。它在 Web 服务器端运行，运行后再将运行结果以 HTML 格式传送至客户端的浏览器。它可以与数据库及其他程序进行交互，是一种简单、方便的编程工具。在一般中小型企业网站和信息服务网站中，大多采用 ASP 语言设计，其特点是开发简单，维护方便，因此获得了广泛应用，是企业网站设计的主流语言。ASP 的网页文件扩展名为".asp"。

（2）PHP（Hypertext Preprocessor）超文本预处理器

PHP 与 HTML 语言具有非常好的兼容性，使用者可以直接在脚本代码中加入 HTML 标签，或者在 HTML 标签中加入脚本代码，从而更好地实现页面控制。PHP 提供标准的数据库接口，

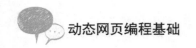

数据库连接方便、兼容性强、扩展性强，可以进行面向对象编程。PHP 的网页文件扩展名为 ".php"。

　　PHP 是完全免费和开源的，在网站开发方面，流行一个叫 "LAMP" 的黄金编程组合，在商业开发中用这个组合不受版权的困扰。

　　LAMP：

　　　　　　L——Linux，开源操作系统

　　　　　　A——Apache，目前最热门的个人主机服务器软件

　　　　　　M——MySQL，免费数据库

　　　　　　P——PHP，动态编程语言

　　PHP 在 Windows 环境中常用的 Web 服务器软件主要有：IIS、Apache、Nginx 和 LightTPD 等，其中：

　　IIS：Internet Information Server 是微软提供的 Internet 服务器软件，包括 Web、FTP、Mail 等服务器。

　　Apache：Apache HTTP Server（简称 Apache）是 Apache 软件基金会的一个开放源码的 Web 服务器软件，可以在大多数计算机操作系统中运行，由于其多平台和安全性被广泛使用，是最流行的 Web 服务器端软件之一。

　　Nginx：轻量级的 Web 服务器软件，由俄罗斯的程序设计师 Igor Sysoev 所开发。其特点是占用内存少，并发能力强，新浪、网易、腾讯等网站均使用该软件。

　　LightTPD：德国人领导的开源 Web 服务器软件，该软件安全、快速、兼容性好，具有较低的内存开销和较低 CPU 占用率等特点。

　　本案例介绍的为基于 Windows 下的 Nginx Web 服务器的环境。

　　（3）JSP（Java Server Pages）

　　JSP 是由 Sun Microsystem 公司于 1999 年 6 月推出的新技术，是基于 Java Servlet 及整个 Java 体系的网络程序设计语言。JSP 网页为整个服务器端的 Java 库单元提供一个接口来服务于 HTTP 的应用程序。其中的高安全性是它与 ASP 的最大区别，JSP 也是比较流行的一种动态网页编程技术，大型的网站及安全要求较高的电子商务类的网站大多采用 JSP 来开发。JSP 的网页文件扩展名为 ".jsp"。

　　（4）ASP.NET

　　ASP.NET 是 .NET 框架的一部分，可以使用任何与 .NET 兼容的语言来编写 ASP.NET 应用程序。Web Forms 允许在网页基础上建立强大的窗体。在建立网页时还可以使用 ASP.NET 服务端控件来建立常用的 UI 元素。这些控件允许使用内建可重用的组件和自定义组件来快速建立 Web Form，使代码简单化。ASP.NET 的网页文件扩展名为 ".aspx"。

◉ 实现步骤

1. 配置 Windows 环境下的 PHP 服务器环境（便于在家中练习）

　　① 准备好 "phpStudy 2014.exe" 软件。

　　② 双击 "phpStudy 2014.exe" 运行该软件，屏幕弹出 "欢迎使用 **phpStudy 2014** 安装向导" 对话框，如图 1-21 所示。

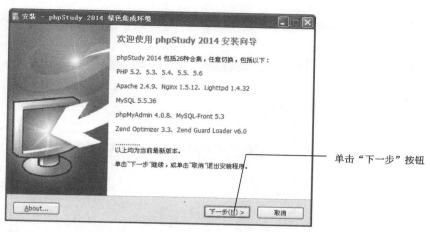

单击"下一步"按钮

图 1-21　"欢迎使用 phpStudy 2014 安装向导"对话框

③ 单击"下一步"按钮，屏幕弹出"选择目标位置"对话框，如图 1-22 所示。

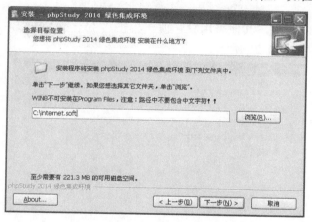

图 1-22　"选择目标位置"对话框

④ 在文本框中输入"**c:\internet.soft**"，单击"下一步"按钮，屏幕弹出"**选择 PHP 程序存放目录**"对话框，如图 1-23 所示。

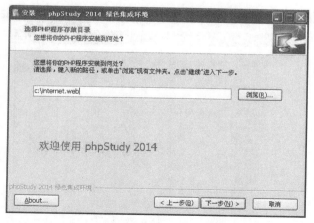

图 1-23　"选择 PHP 程序存放目录"对话框

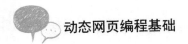
动态网页编程基础

⑤ 在文本框中输入"**c:\internet.web**",单击"下一步"按钮,屏幕弹出"选择组件"对话框,如图 1-24 所示。

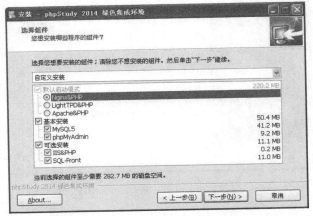

图 1-24 "选择组件"对话框

⑥ 选中"**Nginx&PHP**",其他采用默认值,单击"下一步"按钮,屏幕弹出"选择开始菜单文件夹"对话框,如图 1-25 所示。

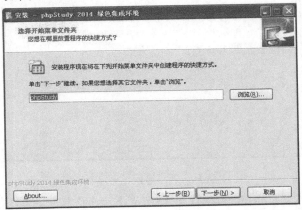

图 1-25 "选择开始菜单文件夹"对话框

⑦ 采用系统默认值,单击"下一步"按钮,屏幕弹出"准备安装"对话框,如图 1-26 所示。

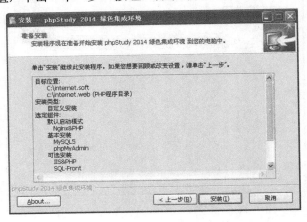

图 1-26 "准备安装"对话框

⑧ 单击"安装"按钮，系统开始安装程序后安装完毕，屏幕弹出"安装向导完成"对话框，如图 1-27 所示。

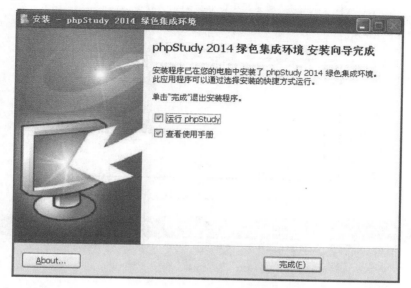

图 1-27　"安装向导完成"对话框

⑨ 单击"完成"按钮，如果 Windows 自带防火墙软件处于开启状态，则屏幕将弹出两个"Windwos 安全警报"对话框，如图 1-28 所示，此时必须单击"解除阻止"按钮，同样，如果计算机中还安装了其他的防火墙软件，则也应该设置"nginx"和"mssqld"为允许访问。

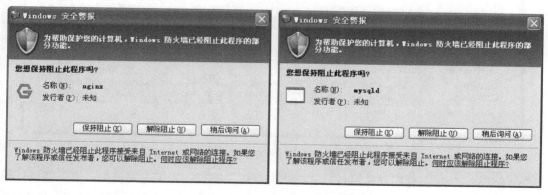

图 1-28　"Windwos 安全警报"对话框

⑩ 安装完毕，屏幕将出现"phpStudy 2014"程序窗口，如图 1-29 所示，同时浏览器将显示 phpinfo()页面，如图 1-30 所示，如果看不到 phpinfo()页面，请检查防火墙是否设置正确。

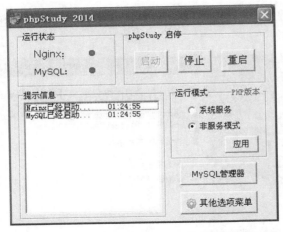

图 1-29　"phpStudy 2014"程序窗口

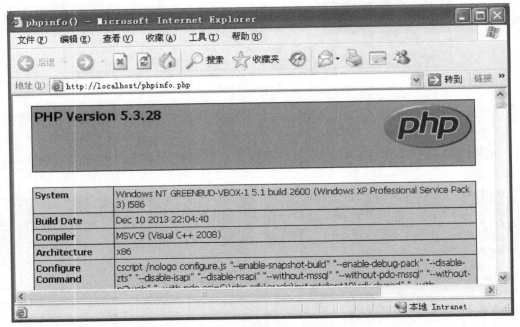

图 1-30　phpinfo()页面

　　"phpStudy 2014"程序默认运行模式为"非服务"模式,为了方便使用,建议将运行模式修改为"系统服务"模式,具体操作如为:打开"phpStudy2014"程序,选中运行模式中的"系统服务"单选按钮,单击"应用"按钮。

　　2.建立 MyEdu123 站点并新建相关文件夹(操作环境:学校机房环境配置推荐方案)

　　① 启动 Adobe Dreamweaver CS6 程序
　　② 单击"站点"→"新建站点"命令,具体操作步骤如下。

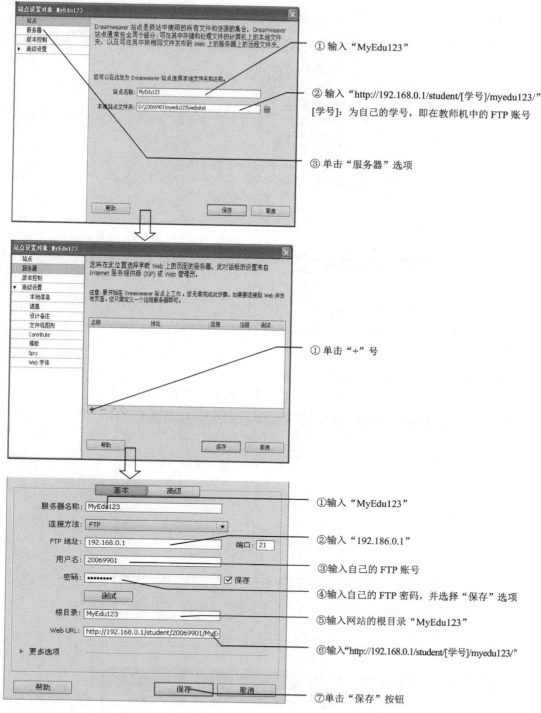

① 输入 "MyEdu123"

② 输入 "http://192.168.0.1/student/[学号]/myedu123/"
[学号]：为自己的学号，即在教师机中的 FTP 账号

③ 单击 "服务器" 选项

① 单击 "+" 号

①输入 "MyEdu123"

②输入 "192.186.0.1"

③输入自己的 FTP 账号

④输入自己的 FTP 密码，并选择 "保存" 选项

⑤输入网站的根目录 "MyEdu123"

⑥输入 "http://192.168.0.1/student/[学号]/myedu123/"

⑦单击 "保存" 按钮

③ 操作完成后，单击 "完成" 按钮。

④ 在新建的 "MyEdu123" 站点的本地文件夹中新建如下文件夹：codes、database、images、inc、manager、scripts、sounds、styles、upload、version。

⑤ 打开本书素材中的 php_myedu123_01.rar 文件，将素材复制到相应的文件夹中。

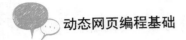

3. 上传整个站点到服务器（操作环境：学校机房环境配置推荐方案）

启动 Adobe Dreamweaver CS6 程序，并确保当前站点为"MyEdu123"，具体操作步骤如下。

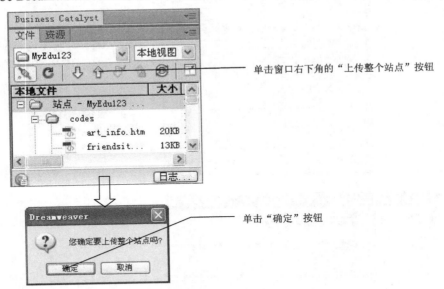

单击窗口右下角的"上传整个站点"按钮

单击"确定"按钮

4. 导出站点（操作环境：学校机房环境配置推荐方案）

① 启动 Adobe Dreamweaver CS6 程序。

② 单击"站点"→"管理站点"命令，具体操作步骤如下。

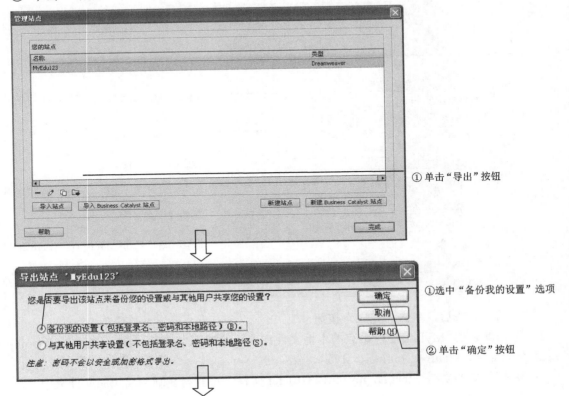

① 单击"导出"按钮

①选中"备份我的设置"选项

② 单击"确定"按钮

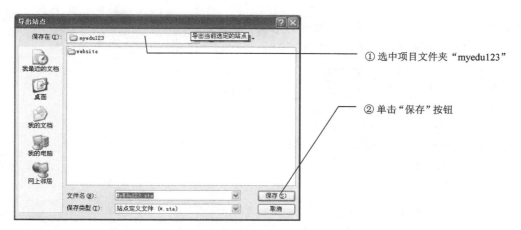

① 选中项目文件夹"myedu123"

② 单击"保存"按钮

③ 将"MyEdu123.ste"文件上传到 FTP 服务器的根目录中，以备下次上机时使用。

5．从服务器恢复 MyEdu123 站点（每次重启学生机后要做的第一件事）

① 在 D 盘建立"D:\[学号]\myedu123\website"文件夹。

② 登录 FTP，将"MyEdu123.ste"文件下载到"D:\[学号]myedu123"文件夹中。

③ 启动 Adobe Dreamweaver CS6 程序。

④ 单击"站点"→"管理站点"命令，完成以下操作。

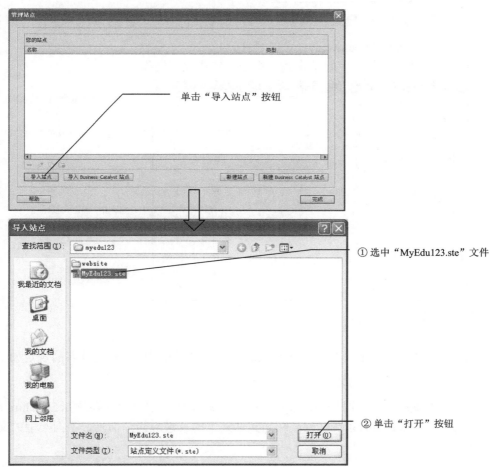

单击"导入站点"按钮

① 选中"MyEdu123.ste"文件

② 单击"打开"按钮

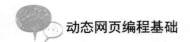

⑤ 返回"站点管理"对话框后，单击"完成"按钮。

⑥ 从服务器上下载数据，具体操作如下。

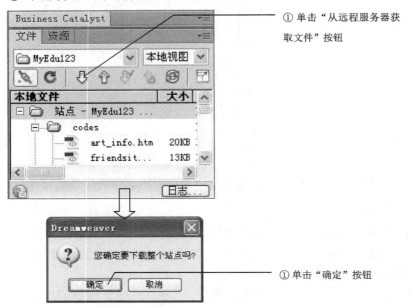

① 单击"从远程服务器获取文件"按钮

① 单击"确定"按钮

6. 设置 Adobe Dreamweaver CS6 首选参数（重启学生机后要做的事）

① 启动 Adobe Dreamweaver CS6 程序。

② 单击"编辑"→"首选参数"命令，完成以下操作。

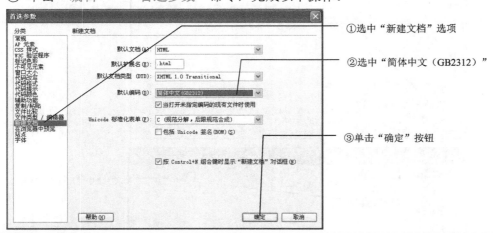

①选中"新建文档"选项

②选中"简体中文（GB2312）"

③单击"确定"按钮

知识拓展

PHP 网站设计规范（绿蕾工作组 v2008.1 版）有关文件夹和文件名的规定如下。

1. 网站文件夹的组织

网站文件夹位于"项目文件夹/website"，网站文件夹中只允许存放 default.htm 或 index.html 文件，以及其他必需的系统文件。网站文件夹下的目录应简洁清晰，不同类型的文件存放于不同的文件夹下。

以下是默认的方案：

codes	网页、PHP 程序
database	数据库文件
images	本网站公用图片
inc	包含文件
manager	网站后台管理程序
scripts	JScript 程序
sounds	声音文件
styles	网站的样式表及样式专用图片
upload	上传文件
version	网站上传纪录（包括 database.htm、pages.htm）

2. 文件及文件名

源程序文件名使用英文，由一个或多个单词及必要的前缀组成，单词之间用"_"分隔或直接相连，如"maintain_cross_product.php"或"MaintainCrossProduct.php"，不要使用汉字或汉语拼音。源程序文件名应足够长，但最长不要超过 128 个字符。包含有服务器端 PHP 程序的源程序文件使用扩展名".php"，否则使用扩展名".htm"。被其他源文件包含的源程序文件使用前缀"i_"，如"i_myedu123_connectionstring.php"。

以下是常用文件的命名：

网站的首页	default.*或 index.*
图片名	同美工图片命名规范的标准
包含文件	i_项目名_功能.*（项目名如果用缩写应大写）
样式表文件	main.css

例如：

公用变量定义文件	i_项目名_common.php（公用变量）
公用函数定义文件	i_项目名_function.php（公用函数）
多语言的定义文件	i_项目名_language.php（支持多语言的定义文件）
网站访问量统计代码	i_page_log.php

7. 修改网站起始页

① 打开站点根目录中的"index.htm"文件。

② 修改文件头注释信息，如下所示。

```
1   <!--
2   REM ################################################################# REM
3   REM File Name: default.htm
4   REM Created By: Greenbud.Chen   2014-08-27   建立源文件
5   REM Modify By:
6   REM Description:    网站起始页
7   REM Include Files:
8   REM Project:       我的教育网(MyEdu123)
9   REM Version:       v1.00
10  REM Copyright (c) 2014 Greenbud WorkGroup All rights reserved.
11  REM ################################################################# REM
```

输入自己的"姓名"、"当前日期"及"修改说明"

③ 找到"<meta http-equiv="Refresh" content="2;URL=codes/index.htm">"，将"index.htm"修改为"index.php"。

④ 保存文件。

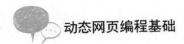

动态网页编程基础

⑤ 查看预览结果，具体操作步骤如下（按【F12】键弹出"相关文件"对话框。

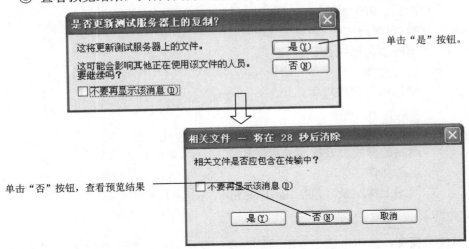

单击"是"按钮。

单击"否"按钮，查看预览结果

 本章小结

知识与技能	学 习 情 况		
	掌握（理解）	基本掌握（理解）	未掌握（理解）
B/S 架构网络程序的工作原理			
动态网页当前流行的编程技术			
Windows 环境下的 PHP 服务器环境安装和配置			
绿蕾教育网前台程序的使用（浏览、搜索、发表评论）			
绿蕾教育网后台程序的基本使用			
在线编辑器的使用			
Dreamweaver 站点新建			
Dreamweaver 站点管理（修改、导出、导入、上传、获取）			
PHP 网站文件夹缺省方案			
PHP 网站设计规范（文件及文件夹部分）			

第 2 章

PHP 编程基础

PHP 作为一种专门用来开发 Web 应用的脚本语言，大量借用了 C、C++和 JavaScript 语言的语法，还加入了自己的某些语言特征，使编写 Web 程序更快更有效。用 PHP 开发的 Web 程序，大多都要在 HTML 文档中插入 PHP 代码，或者使用 PHP 代码生成某些 HTML 文档，以满足 Web 应用的需求和特点。

作为服务器端的脚本语言，PHP 多数情况下都是和 HTML 相互搭配来使用的，与逻辑有关的动态内容由 PHP 完成，而 PHP 程序执行的结果则通过 HTML 文档表现给用户。一般情况下，PHP 代码都嵌入在 HTML 文档中，通过服务器解释这些 PHP 代码，并用代码执行产生的结果替换 PHP 代码内容，最后返回给用户的是内嵌代码执行后的 HTML 文档。

本章将以"绿蕾教育网"为范例介绍动态网站的基本结构，为学习动态网页编程奠定基础。

本章重点

- PHP 的基本语法
- PHP 变量命名规则
- PHP 注释及网页文件头的注释规范
- 包含文件及其使用
- PHP 操纵 Access 数据库的方法
- if、for 条件语句的使用
- realpath 函数的使用
- 数据库信息读取与显示的一般方法
- 信息显示格式化方法及相关函数的使用
- PHP 长代码书写技能
- PHP 输出 JavaScript 代码的一般方法

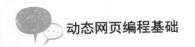

2.1 初识 PHP

● 案例综述

　　PHP 的语法与 JavaScript、C、C++等语言的语法很相似，有 JavaScript 语言基础的同学，可以非常轻松地掌握 PHP 的基本语法。即便是没有任何语言基础，可以更快速地接受 PHP 的语法。本节将简单介绍 PHP 的基本语法。

● 操作步骤

1．分隔符

　　嵌入式脚本语言需要使用某种分隔符将程序代码和 HTML 内容区分开，PHP 所用的分隔符是"<?（或<?php)"和"?>"，它们将 PHP 代码包含在其中，也就是说，所有的 PHP 代码都应该写在"<?"和"?>"之间。例如：<? Echo "这段内容由 PHP 代码输出"; ?>，输出结果是：这段内容由 PHP 代码输出。

2．注释

　　程序中的注释是指在一个程序文件中，对一个代码块或一条程序语句所作的文字说明，注释是提供给开发人员看的，因此，程序中的注释会被忽略而不会被执行。PHP 中的主要注释风格有：

　　"//"、"#"——单行注释

　　"/*"和"*/"——多行注释，也可以用来单行注释。

3．变量

　　在程序中可以改变的数据量叫作变量，变量必须有一个名字，用来代表和存放变量的值。

　　PHP 中使用美元符（$）后跟变量名来表示一个变量，如$strName 就是一个变量。PHP 中的变量名是区分大小写的，因此$strName 和$StrName 表示不同的两个变量。

4．数据类型

　　PHP 属于弱类型语言，也就是说，变量的数据类型一般不用开发人员指定，PHP 会在程序执行过程中，根据程序上下文环境决定变量的数据类型。如一串数字"789"，在用 echo 语句输出时，它作为字符串处理，但是作数学运算时，它就作为整数处理。PHP 的变量主要类型有：字符串、整数、浮点数、逻辑、数组、对象和 NULL。

（1）字符串

字符串是字符序列，比如"你好!"。字符串可以是引号内的任何文本。您可以使用单引号或双引号。

（2）整数

整数是没有小数的数字，整数规则：

➢　整数必须有至少一个数字（0～9）

➢　整数不能包含逗号或空格

➢　整数不能有小数点

> 整数正负均可

可以用三种格式规定整数：十进制、十六进制（前缀是 0x）或八进制（前缀是 0）。

（3）浮点数

浮点数是有小数点或指数形式的数字。例如：10.365、2.4e3。

（4）逻辑

逻辑是 true 或 false。逻辑常用于条件测试。我们将在稍后的章节中学到更多有关条件测试的知识。

（5）数组

数组在一个变量中存储多个值。我们将在稍后的章节中学到更多有关数组的知识。

（6）对象

对象是存储数据和有关如何处理数据信息的数据类型。我们将在稍后的章节中学到更多有关对象的知识。

（7）NULL 值

PHP 中有一个特殊的 NULL 值，表示变量无值。NULL 是数据类型 NULL 唯一的值。NULL 值标示变量是否为空。也用于区分空字符串与空值数据库。可以通过把值设置为 NULL 将变量清空。

5. 表达式

表达式是指程序中任何有值的部分，PHP 中几乎所有内容都是表达式。如$a=9 就是一个表达式，这个表达式的含义是：将 9 指定给变量$a。

6. 运算符

运算符是指通过一个或多个表达式，来产生另外一个值的某些符号，如"+"、"%""."等都是运算符。在表达式 2+1 中，运算符 "+" 有两个操作数 1 和 2。具有两个操作数的运算符叫作双目运算符。具有一个操作数的运算符叫作单目运算符，如表达式-6，运算符 "−" 只有一个操作数 6，因此，这里的 "−" 是单目运算符。

（1）赋值运算符

在 PHP 中，符号 "=" 不表示相等，而表示赋值。它的含义是将一个值指定给一个变量。如 "$a=5" 表示将 5 赋给$a。

（2）算术运算符

PHP 的算术运算符有加（+）、减（−）、乘（*）、除（/）和取模（%）、取反（−，即取负值）。这些运算符的用法与数学知识一样。

（3）递增/递减运算符

递增是指对当前表达式的值增加 1，递减则相反，对表达式的值减 1。下面分别介绍四种风格的递增/递减运算。

$a++：先返回$a 的值，然后将$a 的值加 1。

++$a：先将$a 的值加 1，然后将$a 返回。

$a--：先返回$a 的值，然后将$a 的值减 1。

--$a：先将$a 的值减 1，然后返回$a 的值。

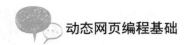

动态网页编程基础

（4）字符串运算符

字符串运算符只有一个，即字符串的连接运算符"."。这个运算符将两个字符串连接成一个新的字符串。

（5）逻辑运算符

运算符	名称	例子	结果
and（&&）	与	$x and $y $x && $y	如果 $x 和 $y 都为 true，则返回 true
or（||）	或	$x or $y $x || $y	如果 $x 和 $y 至少有一个为 true，则返回 true
!	非	!$x	如果 $x 不为 true，则返回 true

（6）比较运算符

运算符	名称	例子	结果
==	等于	$x == $y	如果 $x 等于 $y，则返回 true
!=（<>）	不等于	$x != $y	如果 $x 不等于 $y，则返回 true
>	大于	$x > $y	如果 $x 大于 $y，则返回 true
<	大于	$x < $y	如果 $x 小于 $y，则返回 true
>=	大于或等于	$x >= $y	如果 $x 大于或者等于 $y，则返回 true
<=	小于或等于	$x <= $y	如果 $x 小于或者等于 $y，则返回 true

（7）运算符的优先级

在小学的数学知识中，我们就已经学习过了运算符的优先级。比如 1+2×3 的结果是 7，不是 9。因为×号的优先级高于+号的优先级。PHP 中运算符不仅限于加、减、乘、除。下面列举了常见的 PHP 运算符的优先级，最上面的优先级最高。

高

++、--（递增、递减运算符）

*、/、%

+、-、.

&&

||

?：（条件运算符，将在后面介绍）

=（赋值运算符，包含+=、*=、.=等）

and

低

or

（8）函数

在很多编程语言中都有函数这个概念。函数将为解决某一问题而编写的代码组织在一起，使得在解决同一个问题时，可以重复这些代码。在数学知识里，函数是由参数的定义域和在这个参数定义域上的某种规则组成的。当选定某一参数时，函数的值也是唯一确定的。例如，有这样一个数学函数：$f(x)=2x+3$，那么就有 $f(1)=5$，$f(3)=9$。这里的 1、3 都是函数 f 的参数，而 5、9 都是这些参数对应的函数 f 的值。

PHP 语言中的函数和数学中函数的概念很相似，只不过 PHP 中的函数不仅仅是做一些数学运算，而是要完成更多、更复杂的功能。在程序设计中，经常将一些常用的功能模块编写成函数，放在公用函数库中，供程序或其他文件使用。函数就像一些小程序，用它们可以组成更大的程序。函数之间也可以相互调用，完成更复杂的功能，但它们之间是相互独立的。PHP 函数分为系统内部函数和自定义函数。

函数的优越性主要有以下几点：

➤ 控制程序设计的复杂性
➤ 提高软件的可靠性
➤ 提高软件的开发效率
➤ 提高软件的可维护性
➤ 提高程序的重用性

我们将在稍后的章节中学到更多有关函数的知识。

（9）流程控制

所有的 PHP 程序都由语句构成，程序就是一系列语句的序列。计算机通过执行这些语句可以完成特定的功能。一般情况下，程序都是从第一条语句开始执行的，按顺序执行到最后一句。但有时因为某种情况，需要改变程序的执行顺序，这就需要对程序的流程进行控制。

PHP 程序的流程控制方式有 3 种：顺序执行、选择执行和循环执行，通过使用这 3 种控制结构，可以改变程序的执行顺序，以满足开发人员解决问题的需求。

顺序结构：程序从第一条语句开始，按顺序执行到最后一句。

选择结构：程序可以根据某个条件是否成立，选择执行不同的语句。

循环结构：可以使程序根据某种条件和指定的次数，使某些语句执行多次。

PHP 程序都是由一系列语句组成的，以 ";"（分号）结尾。

我们将在稍后的章节中学到更多有关流程控制的知识。

2.2　建立 PHP 文件（连接数据库）

案例综述

动态网站系统离不开数据库，使用 PHP 编程，通常会选择利用 PDO（PHP 数据库访问抽象层，PHP Data Objects）技术对数据库进行存取操作。

PDO 是 PHP 5 以后加入的一个重大功能，PHP 5 以前不同的数据库系统需要不同的数据库扩展程序与之连接和处理，例如 php_mysql.dll、php_pgsql.dll、php_mssql.dll、php_sqlite.dll 等扩展分别连接 MySQL、PostgreSQL、MS SQL Server、SQLite，同样，我们必须借助 ADOdb、PEAR::DB、PHPlib::DB 等不同的数据库抽象类来完成对不同数据库的操纵。

PDO 为 PHP 访问数据库定义了一个轻量级的、一致性的接口，它提供了一个数据访问抽

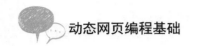动态网页编程基础

象层，这样，无论使用什么数据库，都可以通过一致的函数执行查询和获取数据。

需要注意的是，应尽可能晚地建立连接，同时又尽可能早地关闭连接，这样能保证连接打开的时间最短，节省连接资源；另外，在实际应用中，为避免在每个 PHP 页面中都输入连接字符串（ConnectionString）中的连接细节，一般使用包含文件来存储连接字符串。

PHP 6.0 版本之后将只默认使用 PDO 来处理数据库。

本任务将完成"数据库连接字符串"文件的代码编写任务。

操作步骤

① 单击"文件"→"新建"命令，打开"新建文档"对话框，具体操作步骤如图 2-1 所示。

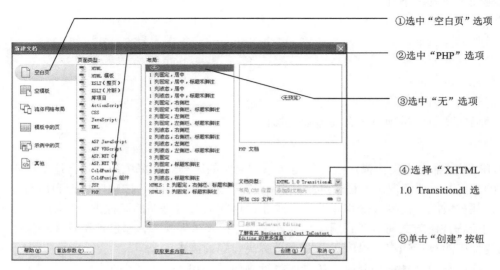

图 2-1 "新建文档"对话框及操作步骤

② 选择"代码"视图格式，删除所有代码。
③ 依次输入如下代码。

```
<?
/*REM ###############################################################
REM File Name: i_myedu123_connectionstring.php
REM Created By: Greenbud.Chen  2014-08-27建立源文件
REM Description: 数据库连接字符串
REM Include Files:
REM Project:      我的教育网
REM Version:      v1.00
REM Copyright (c) 2014 Greenbud WorkGroup All rights reserved.
REM ###############################################################*/
$strDSN="odbc:driver={microsoft access driver (*.mdb)};dbq="
    .realpath("../database/myedu123.mdb"); //数据源
$strDBName=""; //数据库用户名
$strDBPWD=""; //数据库用户名对应的密码
?>
```

④ 将文件保存至"inc"文件夹，命名为"i_myedu123_connectionstring.php"。

⑤ 按【Ctrl+Shift+U】组合键上传到服务器。

🔊 想一想

① "<?" 和 "?>" 的作用是＿＿＿＿＿＿＿＿＿＿＿＿＿＿＿。

② "/*" 和 "*/" 的作用是＿＿＿＿＿＿＿＿＿，与它相似功能的还有＿＿＿＿。

③ realpath 前面的 "." 的用途是＿＿＿＿＿＿＿。

知识拓展

拓展 1 ▎　变量命名规则

变量名使用英文，由一个或多个单词及必要的前缀组成，每个单词的第一个字母应大写，如 "$strConn"，不要使用汉字或汉语拼音。变量名应足够长，以便可以清楚地描述变量的特征，但最长不要超过 30 个字符，避免使用过分简短的变量名，如 "gg"、"a1"、"a2" 等。仅用于控制循环的变量名，可按习惯用如 "i"、"j"、"k" 等短的变量名。变量前应有表明变量类型的前缀，如表 2-1 所示。

表 2-1　一般变量的变量类型前缀

前　缀	类　型	说　明	举　例
B	Boolean	布尔	$bFinished
C	Currency	货币	$cSum
D	Double	双精度浮点	$dPI
Dt	Date and Time	日期或时间	$dtToday
F	Float/Single	浮点	$fWidth
L	Long	长整型	$lCount
N	Integer	整型	$nCir
Vnt	Variant	可变类型	$vntTemp
Str	String	字符串	$strTemp
O	Object	对象	$oDatabase

➢ 数组变量：在变量类型前缀后加 "a"，例如："$saData" 表示一个字符串数组。

➢ 全局变量：作用范围为整个网站的变量，以 "g_" 作为前缀，例如："$g_vntTemp"。用于在源文件之间传递的变量：以 "t_" 作为前缀，例如："$t_vntTemp"。

➢ 公共变量：作用范围为整个源文件的变量，以 "m_" 作为前缀，例如："$m_vntTemp"。

➢ 局部变量：无前缀，例如："$vntTemp"。

拓展 2 ▎　Microsoft Office Access 数据库引擎

Microsoft Office Access 数据库引擎是用于 Microsoft Office 应用程序与其他应用程序之间进行数据传输的一系列组件。通常 PHP 利用 PDO 技术调用该组件的 "microsoft access driver" 驱动对 Access 数据库进行操纵。Windows 系统会默认安装与系统相应版本的数据库引擎，例如 Windows 2003 默认安装 "microsoft access driver (*.mdb)"（适用 Access 2003 及以前版本的数据库），Windows 2008 默认安装 "microsoft access driver (*.mdb,*. accdb)"。

查看本机数据库引擎安装情况的具体步骤如下：

双击本机"控制面板"→"管理工具"→"数据源（ODBC）"，打开"ODBC 数据源管理器"，如图 2-2 所示。单击"驱动程序"选项卡即可。

图 2-2　ODBC 数据源管理器

Microsoft Office Access 数据库引擎的连接字符串设置格式为"**Driver={Microsoft Access Driver (*.mdb, *.accdb)};DBQ=path to mdb/accdb file**"，其中"**path to mdb/accdb file**"表示为数据库文件所在的绝对路径和文件名。

拓展3　　realpath()函数

Microsoft Office Access 数据库引擎的连接字符串设置格式中要求提供完整的数据库文件路径。一般网站的根目录（虚拟路径）不设定在实际存储器的根目录上，而程序员也很难知道数据库文件的真实路径。

realpath()函数的功能：返回绝对路径，即将指定的连接路径转换为真实的文件路径，若失败（如文件或目录不存在）则返回 false。

语法：**realpath（linkpath）**

参数：linkpath，必需，即要检查的连接路径。

假设网站根目录的真实路径为"d:\wwwroot\"，调用该函数的文件位于根目录的"codes"文件夹中，则

realpath ("/") 将得到网站根目录所在的实际位置，即"d:\"。

realpath ("") 将得到语句所在页面的当前文件夹，即"d:\wwwroot\ codes"。

realpath ("../") 将得到语句所在页面的上一级文件夹，即"d:\wwwroot"。

2.3　包含文件的使用（建立页头、页尾文件）

■**案例综述**

为了保证网站整体的一致性，一般网站中绝大部分网页的页头部分和页尾部分是相同的，

避免在每个 PHP 页面中都输入大量的程序代码，在 Web 编程中通常会把在多个页面均出现的程序代码段编写一个文件，这类文件叫包含文件，根据 PHP 网站设计规范，包含文件取名规则为"i_项目名_功能"，并要求保存到"inc"文件夹中。

同时也便于日后修改，一般使用包含文件来存储页头和页尾。

操作步骤

① 新建"PHP"空白页，选择"代码"视图格式，删除所有代码。

② 输入文件头注释。

```
<?
/*REM ###################################################################### REM
REM File Name: i_myedu123_head.php
REM Created By:  Greenbud.Chen  2014-08-27建立源文件
REM Description:  网页头部文件
REM Include Files:
REM Project:       我的教育网
REM Version:       v1.00
REM Copyright (c) 2014 Greenbud WorkGroup All rights reserved.
REM ######################################################################*/
?>
```

③ 打开资源包"php_myedu123_01"中的"codes/index.htm"文件，选择"代码"视图格式。

④ 将"<!--head start-->"与"<!--head end-->"之间的代码剪贴到新建页的文件头注释下面。

⑤ 将"head_3"部分修改为以下代码。

```
<div id="head_3">
  <ul>
    <li class="towwords"><a href="index.php">首 页</a></li>
    <li class="fourwords"><a title="绿蕾概况" href="list.php?ChannelID=01">绿蕾概况</a></li>
    <li class="fourwords"><a title="新闻动态" href="list.php?ChannelID=02">新闻动态</a></li>
    <li class="fourwords"><a title="技术文章" href="list.php?ChannelID=03">技术文章</a></li>
    <li class="fourwords"><a title="招生就业" href="list.php?ChannelID=04">招生就业</a></li>
    <li class="fourwords"><a title="图文展示" href="list.php?ChannelID=05">图片展示</a></li>
    <li class="fourwords"><a title="外包服务" href="list.php?ChannelID=06">勤工俭学</a></li>
    <li class="fourwords"><a title="下载中心" href="list.php?ChannelID=07">资源中心</a></li>
  </ul>
</div>
```

⑥ 保存文件至"inc"文件夹，命名为"i_myedu123_head.php"。

⑦ 新建"PHP"空白页，选择"代码"视图模式，删除所有代码。

⑧ 输入文件头注释，其中："File Name"为"i_myedu123_bottom.php"，"Description"为"网页尾部文件"。

⑨ 切换到"index.htm 代码视图"，将"<!--bottom start-->"与"<!--bottom end-->"之间的代码剪贴到新建页的文件头注释下面。

⑩ 将"floorlinks"中的"list.htm"修改为以下代码。

```
<div class="floorlinks">
  <b><a href="list.php?ChannelID=01">绿蕾概况</a>:</b>
```

```
                <a href="list.php?ChannelID=0101">关于我们</a>
                <a href="list.php?ChannelID=0102">联系我们</a>
                <a href="list.php?ChannelID=0103">教师风采</a>
                <a href="list.php?ChannelID=0104">投稿说明</a>
                <a href="list.php?ChannelID=0105">通知公告</a>
            </div>
            <div class="floorlinks">
                <b><a href="list.php?ChannelID=02">新闻动态</a>:</b>
                <a href="list.php?ChannelID=0201">图片新闻</a>
                <a href="list.php?ChannelID=0202">文字新闻</a>
                <a href="list.php?ChannelID=0203">教学科研</a>
                <a href="list.php?ChannelID=0204">专业文化</a>
                <a href="list.php?ChannelID=0205">德育工作</a>
            </div>
```

⑪ 保存文件至"inc"文件夹,命名为"i_myedu123_bottom.php"。

⑫ 切换到"index.htm 代码视图",在"<!--head start-->"与"<!--head end-->"之间输入"<? include "../inc/i_myedu123_head.php"; ?>"。

⑬ 在"<!--bottom start-->"与"<!--bottom end-->"之间输入"<? include "../inc/i_myedu123_bottom.php"; ?>"。

⑭ 将"index.htm"另存到网站的"codes"文件夹中,命名为"index.php"。

⑮ 在"index.php"中输入文件头注释信息。

```
<?
/*REM #########################################################################
REM File Name: index.php
REM Created By:  Greenbud.Chen   2014-08-29建立源文件
REM Description: 网站首页
REM Include Files: i_myedu123_head.php、i_myedu123_bottom.php
REM Project:        我的教育网
REM Version:        v1.00
REM Copyright (c) 2014 Greenbud WorkGroup All rights reserved.
REM #########################################################################*/
?>
```

⑯ 按【F12】键预览网页,在随后出现的两个对话框中均单击"是"按钮上传相关文件,查看效果。

知识拓展

include 语句

include 语句的功能是获取指定文件中存在的所有文本/代码/标记,并复制到使用 include 语句的文件中,被 include 语句调用的文件称为包含文件。

语法:include "filename";

其中,filename 关键字指被包含文件的路径和文件名(含扩展名)。被包含的文件可具有任何文件扩展名,从安全角度考虑,建议用.php 扩展名。

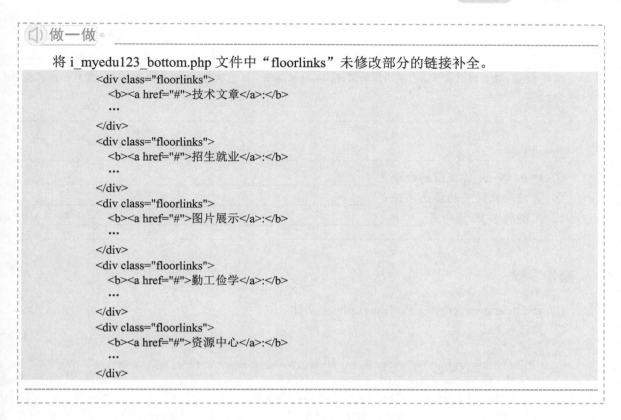

将 i_myedu123_bottom.php 文件中"floorlinks"未修改部分的链接补全。

```
<div class="floorlinks">
    <b><a href="#">技术文章</a>:</b>
    ...
</div>
<div class="floorlinks">
    <b><a href="#">招生就业</a>:</b>
    ...
</div>
<div class="floorlinks">
    <b><a href="#">图片展示</a>:</b>
    ...
</div>
<div class="floorlinks">
    <b><a href="#">勤工俭学</a>:</b>
    ...
</div>
<div class="floorlinks">
    <b><a href="#">资源中心</a>:</b>
    ...
</div>
```

2.4　初识条件语句（专业设置信息的读取与显示）

案例综述

"专业设置"属于"招生就业"栏目中的一个子栏目，信息保存在 Gls 表中，为了简化信息查询，在数据库中建立"ViewGls"视图（查询），该视图只获取未被删除且已经审核通过的信息。

首页中的"专业设置"信息为置顶信息，即"OnTop"为真，最多可显示 10 条，如图 2-3 所示。本任务完成置顶专业设置信息读取与显示程序段的编写，专业设置的类别代码为"0401"，涉及字段为 ID 和 Titel。

图 2-3　"专业设置"信息显示块

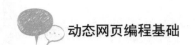
⚠️ **注意** ┄┄┄

编写 Select 语句时，在保证代码简洁的同时，要注意环保，只选取显示输出所必需的那些字段，严格控制用 "*"。

┄┄

🔊 **想一想** ┄┄

① 建立 ViewGls 视图的命令是＿＿＿＿＿＿＿＿＿＿＿＿＿＿＿＿＿＿＿＿＿＿＿＿。
② 置顶专业设置的筛选条件是＿＿＿＿＿＿＿＿＿＿＿＿＿＿＿＿＿＿＿＿＿＿＿＿。
③ 完整的 SQL 语句是＿＿＿＿＿＿＿＿＿＿＿＿＿＿＿＿＿＿＿＿＿＿＿＿＿＿＿＿。

┄┄

📋 操作步骤

① 在 Dreamweaver 中打开 "index.php" 文件。
② 修改注释。

```
<?
/*REM ##########################################################################
REM File Name: index.php
REM Created By:  Greenbud.Chen   2014-08-28建立源文件
REM Modify By:        Greenbud.Chen   2014-08-29增加专业设置信息的读取与显示
REM Description: 网站首页
REM Include Files:      i_myedu123_head.php、i_myedu123_bottom.php
i_myedu123_connectionstring.php
REM Project:         我的教育网
REM Version:         v1.00
REM Copyright (c) 2014 Greenbud WorkGroup All rights reserved.
REM ##########################################################################*/
?>
```

③ 在文件头注释下一行输入以下代码。

```
<? include "../inc/i_myedu123_connectionstring.php"; ?>
```

④ 找到 "<h2><a href="list.htm">专业设置</a></h2>"。
⑤ 将 "href="list.htm"" 修改为 "href="l list.php?ChannelID=0401""。
⑥ 将代码

```
<li><a href="art_info.htm">网络程序设计专业</a></li>
<li><a href="art_info.htm">网站设计一年半学制</a></li>
<li><a href="art_info.htm">ASP程序设计短训班</a></li>
<li><a href="art_info.htm">PHP程序设计短训班</a></li>
<li><a href="art_info.htm">网页设计技术短训班</a></li>
<li><a href="art_info.htm">服务器管理短训班</a></li>
<li><a href="#"> </a></li>
<li><a href="#"> </a></li>
```

```
<li><a href="#"> </a></li>
<li><a href="#"> </a></li>
```

修改为

```
<?
$pdo =new PDO($strDSN, $strDBName, $strDBPWD);
$strSQL = "select top 10 ID,Title from ViewGls where CatID='0401' and OnTop order by ID";
$rst=$pdo->query($strSQL);
for ($i=1;$i<=10;$i++)
{
  if ($rstInfo=$rst->fetch())
  {
        echo "<li><a href='art_info.php?ID=".$rstInfo["ID"]."'>".$rstInfo["Title"]."</a></li>";
  }else{
        echo "<li> </li>";
  }
}
$rstInfo=NULL;
$rst=NULL;
$pdo=NULL;
?>
```

⑦ 按【F12】键预览网页，查看效果。

知识拓展

拓展 1 PDO 访问数据库操作的一般步骤

PHP PDO 访问数据库操作的一般步骤为：

① 创建连接对象，例如：$pdo =new PDO($strDSN, $strDBName, $strDBPWD);

② 创建 SQL 语句，例如：$strSQL="select * from ViewGls order by ID";

③ 执行 SQL 语句，例如：$rst=$pdo->query($strSQL);

④ 对执行结果进行相关处理，例如显示查询结果。

⑤ 关闭连接，例如：$rstInfo=NULL; $rst=NULL; $pdo=NULL;

创建连接对象，即初始化一个 PDO 对象：$pdo =new PDO(DSN, DBName, DBPWD);
其中，

DSN：数据源。

DBName：连接数据库服务器的用户。

DBPWD：密码。

PHP PDO 提供强大的数据库访问功能，可以通过 SQL 命令对数据库进行数据的查询、添加、删除、更新等操作。

数据库操作完毕，应该用相关变量设置为 NULL 将它们关闭，释放服务器资源。

拓展 2 if 条件语句

if 语句用于判断条件为 True 或 False，并且根据计算结果指定要运行的语句。通常，条件是使用比较运算符对常量或变量进行比较的表达式。if 语句可以按照需要进行嵌套。PHP 的 if 语句和 JavaScript 语言相似，主要有以下几种结构：

① **if** 结构

```
if(expr)
    statement;
```

功能：当条件表达式 expr 为真时，执行 statement 语句，否则不执行任何操作。

其中，当 statement 存在多条语句时，可以使用一对花括号"{"和"}"将多条语句组成一个语句组，注意每条语句后面的结尾符号";"。

② **if…else** 结构

```
if(expr)
    statement1;
else
    statement2;
```

功能：当条件表达式 expr 为真时，执行 statement1 语句，否则执行 statement2 语句。

同样，statement1 和 statement2 可以由多条语句组成一个语句组。

③ **if…elseif** 结构

```
if(expr1)
    statement1;
elseif(expr2)
    statement2;
…
else
    statement;
```

功能：如果条件表达式 expr1 为"真"，执行 statement1 语句；如果 expr1 为"假"，判断 expr2 条件，当 expr2 为"真"，执行 statement2 语句，否则执行 statement 语句。

同样，statement1、statement2 和 statement 均可以由多条语句组成一个语句组。

拓展 3 | for 循环语句

for 循环语句为按指定次数重复执行一组语句，结构如下：

```
for (expr1; expr2; expr3)
statement
```

其中，

➤ **expr1**：初始化语句，在循环开始前求值一次，通常为变量赋一个初始值，例如$i=1。

➤ **expr2**：循环条件表达式，即判断条件真假，如果是真，执行 statement，否则退出循环。

➤ **expr3**：更新语句，在每次循环之后被执行一次，通常为变更循环条件表达式中的变量值，例如$i++，表示$i 值加 1。

➤ **statement**：即被循环执行的语句，可以由多条语句组成一个语句组。

PHP 提供了一种非正常退出循环的方法，可在语句中的任意位置放置任意个 break 语句，break 经常和条件判断语句一起使用。

可以将一个 for 语句放置在另一个 for 语句中，组成嵌套循环。例如：

```
for ($i=1;$i<=10;$i++)
{
  for ($j=1;$j<=10;$j++)
  {
```

```
            echo $i." - ".$j." <br>";
        }
    }
```

拓展 4 ┃ echo 语句

echo 语句是 PHP 中最常用的语句之一，其功能为将信息发送到客户端，即显示输出。

命令格式：**echo strings;**

其中，strings 即欲输出的字符串或表达式，该参数可以是任何的数据类型，包括字符、字符串和整数等。

ⓘ 注意

用 echo 输出较长代码时，为了防止书写错误，可用以下步骤来书写。

示例代码：

"<li><a href='art_info.php?ID=".$rstInfo["ID"]."'>".$rstInfo["Title"]."</a></li>";

① 写好将输出的 HTML 代码，并把其中的双引号修改为单引号，代码两端用双引号。

"<li><a href='art_info.php?InfoID='></a></li>"

② 在需要写入 PHP 变量的位置标记@符号+序号。

"<li><a href='art_info.php?InfoID=@1'>@2</a></li>"

③ 分别写出 PHP 代码，并用 "." 和 "." 包括。

@1=".$rstInfo["ID"]."

@2=".$rstInfo["Title"]."

④ 将在 HTML 代码中的@序号部分用对应的 PHP 代码替换。

"<li><a href='art_info.php?ID=".$rstInfo["ID"]."'>".$rstInfo["Title"]."</a></li>";

2.5　再识条件语句（新闻信息的读取与显示）

⬤ 案例综述

首页中新闻信息分为 3 个部分：最新图片新闻、最新其他新闻和焦点（置顶）图片新闻，如图 2-4 所示。新闻栏目的信息保存在 Gls 表中，对应视图为 ViewGls。

图 2-4　新闻信息显示块

本任务完成最新图片新闻信息和最新其他新闻信息读取与显示程序段的编写。其中，"图

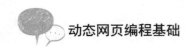

片新闻"的类别代码为"0201",涉及字段有 ID、Title、PicUrl;"其他新闻"为除了图片新闻之外的新闻,即除了类别代码"0201"之外的所有"02"类信息,涉及字段有 ID、Title、Brief、UpdateTime,而 a 标签的"title="所对应的字段为"ViewGls"中的"Brief"字段。

◁)) 想一想

① Access 数据库中的 Left、Right、Mid 和 Len 等函数的功能和用途。

② 最新图片新闻的筛选条件是_____。

  完整的 SQL 语句是_____。

③ 最新其他新闻的筛选条件是_____。

  完整的 SQL 语句是_____。

操作步骤

① 使用 Dreamweaver 软件打开"index.php"文件。

② 修改注释,增加:

```
<?
/*REM ####################################################################
REM File Name: index.php
REM Created By: Greenbud.Chen   2014-08-29建立源文件
REM Modify By:        Greenbud.Chen   2014-08-29增加专业设置信息的读取与显示
REM Modify By:        Greenbud.Chen   2014-08-30增加新闻信息的读取与显示
REM Description: 网站首页
REM Include Files: i_myedu123_head.php、i_myedu123_bottom.php
                    i_myedu123_connectionstring.php
REM Project:        我的教育网
REM Version:        v1.00
REM Copyright (c) 2014 Greenbud WorkGroup All rights reserved.
REM ####################################################################*/
?>
```

③ 找到"<a href="list.htm"><img alt="更多" src="../images/more.gif"/></a></span>最新新闻</h2>"。

④ 将"href="list.htm""修改为"href="list.php?ChannelID=02""。

⑤ 将代码

```
<div id="index_1_2_1_1"> <!-- 两条最新的图片信息 -->
  <p><img alt="" class="pic2" src="../upload/image/2008-8/cq03.JPG" height="81" width="120" /></p>
  <p><a href="art_info.htm">最新图片新闻1</a></p>
  <p><img alt="" class="pic2" src="../upload/image/2008-8/cq02.JPG" height="81" width="120" /></p>
  <p><a href="art_info.htm">最新图片新闻2</a></p>
</div>
```

修改为

```
<div id="index_1_2_1_1"> <!-- 两条最新的图片信息 -->
```

```
<?
$pdo =new PDO($strDSN, $strDBName, $strDBPWD);
$strSQL = "select top 2 ID,Title,PicUrl from ViewGls where CatID='0201'"
." and not OnTop order by ID desc";
$rst=$pdo->query($strSQL);
for ($i=1;$i<=2;$i++)
{
  if ($rstInfo=$rst->fetch())
  {
        echo "<p><img alt='".$rstInfo["Title"]."' class='pic2' src='".$rstInfo["PicUrl"]
."' height='81' width='120' /></p>";
        echo "<p><a href='art_info.php?InfoID=".$rstInfo["ID"]."'>".$rstInfo["Title"]
."</a></p>";
  }else{
        echo "<p><img alt='暂无新闻' class='pic2' src='../images/nonews.jpg'"
." height='81' width='120' /></p>";
        echo "<p><a href='#'>暂无新闻</a></p>";
  }
}
?>
</div>
```

⑥ 按【F12】键预览网页，查看效果。

(!) 注意

　　考虑到后面的程序段还将使用数据库，为了提高执行效率，本程序段结束后不再关闭 PDO，下面的程序段可以直接使用现有的连接。

⑦ 将代码

```
<li><span class="div_span">2007-12-7</span><a title="最新新闻" href="art_info.htm">最新新闻
</a></li>
    <li><span class="div_span">2007-12-7</span><a title="最新新闻" href="art_info.htm">最新新闻
</a></li>
    <li><span class="div_span">2007-12-7</span><a title="最新新闻" href="art_info.htm">最新新闻
</a></li>
    <li><span class="div_span">2007-12-7</span><a title="最新新闻" href="art_info.htm">最新新闻
</a></li>
    <li><span class="div_span">2007-12-7</span><a title="最新新闻" href="art_info.htm">最新新闻
</a></li>
    <li><span class="div_span">2007-12-7</span><a title="最新新闻" href="art_info.htm">最新新闻
</a></li>
    <li><span class="div_span">2007-12-7</span><a title="最新新闻" href="art_info.htm">最新新闻
</a></li>
    <li><span class="div_span">2007-12-7</span><a title="最新新闻" href="art_info.htm">最新新闻
</a></li>
    <li><span class="div_span">2007-12-7</span><a title="最新新闻" href="art_info.htm">最新新闻
```

```
</a></li>
      <li><span class="div_span">2007-12-7</span><a title="最新新闻" href="art_info.htm">最新新闻
</a></li>
```

修改为

```
<?
$strSQL = "select top 10 ID,Title,Brief,UpdateTime from ViewGls where left(CatID,2)='02'"
    ." and not OnTop and CatID<>'0201' order by ID Desc";
$rst=$pdo->query($strSQL);
for ($i=1;$i<=10;$i++)
{
  if ($rstInfo=$rst->fetch())
  {
      echo "<li><span class='div_span'>".date('Y-m-d',strtotime($rstInfo["UpdateTime"]))
          ."</span><a title='".$rstInfo["Brief"]."' href='art_info.php?ID=".$rstInfo["ID"]."'>"
          .$rstInfo["Title"]."</a></li>";
  }else{
      echo "<li> </li>";
  }
}
?>
```

⑧ 按【F12】键预览网页。

! 注意

由于"两条最新的图片信息"程序段中并未关闭 PDO，所以在本程序段中可直接使用。本程序段结束时也未关闭 PDO，下面的程序段也可以直接使用。

◁》做一做

将代码 "<li><a title="最新新闻" href="art_info.php?InfoID=nID">最新新闻</a> 2007-12-7</li>" 用 PHP 长代码书写技巧分步骤完成书写过程。

其中，第一个"最新新闻"对应 PHP 代码"$rstInfo["Brief"]"，第二个"最新新闻"对应 PHP 代码"$rstInfo["Title"]"，"$rstInfo["ID"]"对应"nID"，"date('Y-m-d',strtotime($rstInfo ["UpdateTime"]))"对应日期。

知识拓展

拓展 1 访问数据库操作流程的另一种描述方法（表格描述法）

步　骤	语　句	说　明
创建 PDO 对象	$pdo =new PDO($strDSN, $strDBName, $strDBPWD);	
创建 SQL 语句	$strSQL = "select top 10 ID,Title from ViewGls where CatID='0401' and OnTop order by ID";	最新 10 条，类别代码 0201 并置顶

续表

步　骤	语　句	说　明
执行 SQL 语句	$rst=$pdo->query($strSQL);	得到记录集$rst，相关字段：ID、Title
循环开始	for ($i=1;$i<=10;$i++) {	循环 10 次
判　断	if ($rstInfo=$rst->fetch()) {	是否到记录底部
显示输出	`<li><a href="art_info.htm">网络程序设计专业</a> </li>` echo "`<li><a href='art_info.php?ID=`".$rstInfo["ID"]."`">`".$rstInfo["Title"]."`</a></li>`";	如果数据库信息存在：第一种显示输出方法，纯 PHP 代码方式
显示输出	?> `<li><a href=" art_info.php?ID=<?=$rstInfo["ID"]?>"><?=$rstInfo["Title"]?> </a> </li>` <?	第二种显示输出方法，HTML+PHP 方式，注意等号 "="
否　则	}else{	
显示空行	echo "`<li> </li>`";	无数据库时显示空行，以保证页面显示的完整性
	}	
循环结束	}	
关闭连接	$rstInfo=NULL; $rst=NULL; $pdo=NULL;	

拓展 2 ‖ date()函数

date()函数用于对日期或时间进行格式化，把时间格式化为更易读的日期和时间。

语法：**date（format,timestamp）**

参数：

format：必选参数，格式字符，规定时间的格式。

timestamp：可选参数，UNIX 时间戳，默认是当前时间和日期。

⚠ 注意

UNIX 时间戳（UNIX timestamp）或称 UNIX 时间（Unix time），是一种时间表示方式，定义为从格林威治时间 1970 年 01 月 01 日 00 时 00 分 00 秒（北京时间 1970 年 01 月 01 日 08 时 00 分 00 秒）起至现在的总秒数。UNIX 时间戳不仅被使用在 UNIX 系统、类 UNIX 系统中（比如 Linux 系统），也在许多其他操作系统和包括 PHP 在内的需要开发的系统中被广泛采用。

date()函数的 "format" 参数是必需的，它规定如何格式化日期或时间。

常用于日期的字符主要有：

d：表示月里的某天（01～31）

m：表示月（01～12）

Y：表示年（四位数）

y：表示年（两位数）

l：表示周里的某天

其他字符，如 "/", "." 或 "-" 也可以插入到格式字符中，以增加其格式的易读性，例如：

```
<?
echo "今天是 " . date("Y/m/d") . "<br>";
echo "今天是 " . date("Y.m.d") . "<br>";
echo "今天是 " . date("y-m-d") . "<br>";
echo "今天是 " . date("l");
?>
```

运行结果：

今天是 2014/08/30

今天是 2014.08.30

今天是 14-08-30

今天是 Thursday

常用于时间的字符主要有：

H：带有首位零的 24 小时格式

h：带有首位零的 12 小时格式

i：带有首位零的分钟

s：带有首位零的秒（00～59）

a：小写的午前和午后（am 或 pm）

其他字符，如":"也可以插入到格式字符中，以增加其格式的易读性，例如：

```
<?
echo "当前时间是 " . date("h:i:sa");
echo "现在时间是 " . date("Y.m.d H:i:s");
?>
```

运行结果：

当前时间是 04:03:52pm

现在时间是 2014.08.30 16:03:52

⚠ 注意

date()函数可以用于获取系统当前日期和时间，由于 PHP 系统默认时区为格林威治标准时间，在程序中执行一次 date_default_timezone_set(PRC);即可将系统默认时区调到北京时间。

拓展 3 strtotime()函数

strtotime()函数将任何英文文本的日期时间描述解析为 UNIX 时间戳。

语法：**strtotime（time,now）**

参数：

time：必选参数，规定要解析的时间字符串。

now：可选参数，用来计算返回值的时间戳，如果省略该参数，则使用当前时间。

🔊 做一做

1."通知公告"板块

（1）最新"通知公告"所在视图是_____。

（2）最新"通知公告"的筛选条件是_____。

（3）完整的 SQL 语句是_____。

（4）试着用"表格描述法"写出"通知公告"（公告滚动条）的流程，写出完整的 PHP 代码并上机调试。

```html
<div id="index_1_2_3"> <!--公告滚动条-->
<marquee onmouseover="this.stop();" onmouseout="this.start();" scrollamount="4" scrolldelay="150">
<ul>
    <li><a href="http://www.phei.com.cn/#">公告1</a> <span>11/3</span></li>
    <li><a href="http://www.phei.com.cn/#">公告2</a> <span>10/28</span></li>
    <li><a href="http://www.phei.com.cn/#">公告3</a> <span>10/28</span></li>
    <li><a href="http://www.phei.com.cn/#">公告4</a> <span>10/27</span></li>
    <li><a href="http://www.phei.com.cn/#">公告5</a> <span>10/25</span></li>
    <li><a href="http://www.phei.com.cn/#">公告6</a> <span>10/24</span></li>
</ul>
</marquee>
</div>
```

提示

➢ 涉及字段为 ID、Title、UpdateTime。

➢ "通知公告"的类别代码为"0105"。

2. "最新招生就业"板块

（1）最新"招生就业"所在视图是_____。

（2）最新"招生就业"筛选条件是_____。

（3）完整的 SQL 语句是_____。

（4）试着用"表格描述法"写出"最新招生就业"的流程，写出完整的 PHP 代码并上机调试。

```html
<h2><span class="div_span"><a href="">更多</a></span>招生就业</h2>
<ul class="array_ul">
<li><span class="div_span">2007-12-7</span>[...]<a title="招生就业" href="art_info.htm">招生就业</a></li>
    <li><span class="div_span">2007-12-7</span>[...]<a title="招生就业" href="art_info.htm">招生就业</a></li>
    <li><span class="div_span">2007-12-7</span>[...]<a title="招生就业" href="art_info.htm">招生就业</a></li>
    <li><span class="div_span">2007-12-7</span>[...]<a title="招生就业" href="art_info.htm">招生就业</a></li>
    <li><span class="div_span">2007-12-7</span>[...]<a title="招生就业" href="art_info.htm">招生就业</a></li>
    <li><span class="div_span">2007-12-7</span>[...]<a title="招生就业" href="art_info.htm">招生就业</a></li>
    <li><span class="div_span">2007-12-7</span>[...]<a title="招生就业" href="art_info.htm">招生就业</a></li>
```

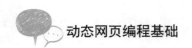

```
    <li><span class="div_span">2007-12-7</span>[...]<a title="招生就业" href="art_info.htm">招生就业
</a></li>
    <li><span class="div_span">2007-12-7</span>[...]<a title="招生就业" href="art_info.htm">招生就业
</a></li>
    <li><span class="div_span">2007-12-7</span>[...]<a title="招生就业" href="art_info.htm">招生就业
</a></li>
    </ul>
```

提示

➤ 修改"更多"的 URL 链接。

➤ 涉及字段为 CatName、ID、Title、Brief、UpdateTime。

➤ "[...]"内显示"CatName",而"title="所对应的字段为"ViewGls"中的"Brief"字段。

➤ "招生就业"的类别代码为"04"。

3. "焦点图片新闻"板块

（1）最新焦点图片新闻的筛选条件是：_____

（2）完整的 SQL 语句是：_____

（3）试着用"表格描述法"写出"焦点图片新闻"的流程，写出完整的 PHP 代码并上机调试。

提示

➤ 焦点图片新闻即置顶图片新闻（类别代码为"0201"，OnTop 为真），涉及字段为 ID、Title、PicUrl。

➤ 用 PHP 输出 JavaScript 代码的一般方法是：先将用 PHP 生成的 JavaScript 语句赋值给 PHP 变量，然后用 echo 输出到 HTML 的<script type="text/javascript">...</script>标签内，具体如下：

① 初始化变量，JavaScript 变量赋值中的单引号。
```
$strPic="spics="; //初始化图片地址字符串变量
$strLink="slinks="; //初始化超级链接字符串变量
$strText="stexts="; //初始化文字标题字符串变量
```

② 根据数据库内容给变量赋值，注意复制后分别增加一个"|"分隔字符。
```
$strPic=$strPic.$rstInfo["PicUrl"]."|";
$strLink=$strLink."art_info.php?InfoID=".$rstInfo["ID"]."|";
$strText=$strText.$rstInfo["Title"]."|";
```

③ 最后输出变量，输出时注意应该在每个变量的后面加上单引号和分号。
```
<script type="text/javascript">
<?
echo $strPic.';";
echo $strLink.';";
echo $strText.';";
?>
Pic2Swf(spics,slinks,stexts);
</script>
```

4. 完成各板块并上机调试

完成"最新图片展示"、"技术文章"各板块代码编写，并上机调试。

 本章小结

知识与技能	学 习 情 况		
	掌握（理解）	基本掌握（理解）	未掌握（理解）
PHP 的基本语法			
PHP 变量命名规则			
PHP 注释及网页文件头的注释规范			
包含文件及其使用			
Access 数据库 PDO 连接字符串			
PHP 操纵 Access 数据库的方法			
if、for 条件语句的使用			
realpath 函数的使用			
数据库信息读取与显示的一般方法			
PHP 长代码书写技能			
PHP 输出 JavaScript 代码的一般方法			

第 3 章

创建图文信息页面文件

图文信息页面文件，简称内容页，在三层显示架构的网站中属于第三层，用于显示指定 ID 的完整图文信息。

本章将完成"绿蕾教育网"中的"图文信息页面文件"的代码编写任务。

本章重点

- PHP 获取 URL 参数的取方法及应用
- 检测类函数及其使用方法
- 终止 PHP 程序运行的语句及使用
- PHP 更新数据库的方法
- 位置导航信息显示代码的编写方法
- 栏目列表信息的读取和显示
- 精品信息的读取和显示
- 上下文信息读取与显示方法
- 利用百度搜索本站的方法
- 字符串中引用变量的方法及应用
- 网页参数合法性检测与错误处理办法
- 显示信息格式化的语句及使用

3.1 新建 art_info.php 文件

案例综述

本任务完成 art_info.php 文件基本框架的建立，包括文件头注释、包含文件的加入、图文信息的 ID 读取、指定 ID 的图文信息相关字段读取、指定 ID 的图文信息 Hits 字段更新等内容。

操作步骤

① 打开资源包"php_myedu123_01"中的"codes/art_info.htm"文件，并选择"代码"视图格式；

② 在"<head>"前输入文件头注释。

```
<?
/*REM ################################################################
REM File Name: art_info.php
REM Created By:  Greenbud.Chen   2014-08-30建立源文件
REM Description: 图文信息显示
REM Include Files: i_myedu123_head.php、i_myedu123_bottom.php
                   i_myedu123_connectionstring.php
REM Project:        我的教育网
REM Version:        v1.00
REM Copyright (c) 2014 Greenbud WorkGroup All rights reserved.
REM ################################################################*/
?>
```

③ 在随后的行中输入数据库连接字符串包含文件"<?include"../inc/i_myedu123 _connectio -nstring.php"; ?>"。

④ 将"<!--head start-->"与"<!--head end-->"之间的代码替换成"<? include "../inc/i_ myedu123_head.php"; ?>"。

⑤ 将"<!--bottom start-->"与"<!--bottom end-->"之间的代码替换成"<? include "../inc/I _myedu123_bottom.php"; ?>"。

⑥ 将"art_info.htm"另存到网站的"codes"文件夹中，文件命名为"art_info.php"。

⑦ 在"<head>"前输入如下代码。

```
<?
$nArtID=$_GET["ID"];
if (!is_numeric($nArtID)) { $nArtID=0;}
if ($nArtID<=0)
{
  die("参数错误!");
}
$pdo =new PDO($strDSN, $strDBName, $strDBPWD);
$strSQL="select CatID,Title from ViewGls where ID=".$nArtID;
$rst=$pdo->query($strSQL);
if ($rstInfo=$rst->fetch())
{
  $strCatID=$rstInfo["CatID"];    //得到类别代码
    $strTitle=$rstInfo["Title"]; //得到标题

}else{
  die("文章不存在!");
}
//插入Hits
$strSQL="update Gls set Hits=Hits+1 where ID=".$nArtID;
```

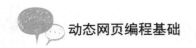

```
$rst=$pdo->exec($strSQL);
?>
```

⑧ 将 "<title>…</title>" 修改为 "<title>绿蕾教育-绿蕾工作组[<?=$strTitle?>]</title>"。

⑨ 按【F12】键预览网页（单击 "否" 按钮，不上传相关文件），将得到 "参数错误!" 的提示。

⑩ 在浏览器地址栏的 URL 后面追加 "?ID=316" 字串并回车，注意查看浏览器标题发生的变化。

知识拓展

拓展 1 $_GET 变量

$_GET 变量是 PHP 中最常用的变量之一，用于收集来自 HTTP 查询字符串中的变量值，即 URL 问号（?）之后的值。例如：上例中带有查询字符串的 URL（art_info.php?ID=1），该语句将得到一个名为 ID 且值为 "1" 的变量。该查询字符串可以通过用户在浏览器的地址栏中输入，也可以通过表单 GET 方法（即 method="get"）提交来生成。

变量形式为$_GET["variable"]，其中，variable 是指在 HTTP 查询字符串中要取回的变量名称或 GET 方法的表单中的 "name" 名称，变量名称必须与客户端设定的相一致。

相关变量：

$\_POST 变量：用于收集来自 method="post" 的表单中的值，用法同$_GET 变量。

$\_REQUEST 变量：可用来取得通过 GET 和 POST 方法发送的表单数据的结果，即同时具有$_GET 和$\_POST 的功能，用法同$_GET 变量。

注意

➤ GET 方式会把表单数据暴露在浏览器地址栏里，因此不宜发送敏感数据（如密码等），敏感信息发送请使用 POST 方式。

➤ GET 方式对发送的信息量有一定限制（最多 100 个字符），如果发送较大的信息，请使用 POST 方式。

➤ GET 方式访问的页面可以加入收藏夹，而在以后可以直接访问，而 POST 方式访问的页面则不能。

拓展 2   is_numeric 函数

is_numeric 函数用于检测变量是否为数字或数字字符串，是则返回 True，否则返回 False。

语法：is_numeric（expression）

参数：expression 可以是任意的表达式、变量和值。

类似的检测函数还有以下 6 个。

（1）is_int（expression）：检测表达式是否为整数，是返回 True，否则返回 False。

（2）is_string（expression）：检测表达式（通常为一个变量）是否为字符串，是返回 False，否则返回 True。

（3）is_null（expression）：检测表达式（通常为一个变量）是否为 Null，是返回 True，否则返回 False。

（4）is_array（variable）：检测变量是否为数组，是返回 True，否则返回 False。

（5）empty（variable）：检测变量是否为空（或 0），是返回 True，否则返回 False。

（6）isset（variable）：检测变量是否为存在，是返回 True，否则返回 False。

(!) 注意

empty、isset 首先都会检查变量是否存在，然后对变量值进行检测，而其他的函数只是直接检查变量值，因此如果变量未定义就会出现错误。

拓展 3 die 函数

die 函数输出一条消息，并退出当前脚本，该函数通常用于错误调试。exit 函数是 die 函数的别名。

语法：**die（status）**

参数：status，必需，规定在退出脚本之前写入的消息或状态号。状态号不会被写入输出，如果是字符串，则该函数会在退出前输出字符串。

(◁) 做一做

参照 3.1 完成新建"res_info.php"文件，并上机调试。静态页面"res_info.htm"在资源包"codes"文件夹中。

3.2　位置导航信息读取与显示

■ 案例综述

为了便于浏览者了解当前浏览页面所属的频道和栏目，通常在信息显示页面中包含一个位置导航条。位置导航条从网站首页开始，依次显示一级类别、二级类别……直到该信息所在的最后一级类别，如图 3-1 所示。本任务完成该导航条信息的读取与显示功能。

您现在的位置：　绿蕾教育网　>> 新闻动态　>> 文字新闻

图 3-1　位置导航条

(◁) 想一想

① 第一个位置，即"绿蕾教育网"的链接是＿＿＿＿＿＿＿＿＿＿＿＿＿＿＿＿＿＿。

② 两个值之间所有数据的筛选条件是＿＿＿＿＿＿＿＿＿＿＿＿＿＿＿＿＿＿。

■ 操作步骤

① 使用 Dreamweaver 软件打开"art_info.php"文件。

② 修改注释。

<?

```
/*REM ####################################################################
REM File Name: art_info.php
REM Created By:          Greenbud.Chen   2014-08-30建立源文件
REM Modify By:           Greenbud.Chen   2014-08-31增加位置导航条
REM Description:         图文信息显示
REM Include Files:       i_myedu123_head.php、i_myedu123_bottom.php
                         i_myedu123_connectionstring.php
REM Project:             我的教育网
REM Version:             v1.00
REM Copyright (c) 2014 Greenbud WorkGroup All rights reserved.
REM ####################################################################*/
?>
```

③ 将代码

```
 &gt;&gt; <a class="linkpath" href="http://www.edu123.net/">大类</a>
 &gt;&gt; <a class="linkpath" href="http://www.edu123.net/">小类</a>
```

修改为

```
<?
$strSQL = "select * from ViewCatalog where left(CatID,2)=left('{$strCatID}',2)";
$rst=$pdo->query($strSQL);
while($rstCat=$rst->fetch())
{
  if($rstCat["CatID"]==substr($strCatID,0,strlen($rstCat["CatID"])))
//如果当前类别属于结果类别代码，则显示
  {
        echo " &gt;&gt; <a class='linkpath' href='list.php?ChannelID=".
          $rstCat["CatID"].">".$rstCat["CatName"]."</a>";
  }
}
?>
```

④ 按【F12】键预览网页，在随后打开的浏览器地址栏的 URL 后面追加"?ID=316"字串并回车。

知识拓展

拓展 1 变量放在"{}"大括号里面的含义

在字符串中引用变量使用的特殊包含方式，告诉 PHP "{}" 内的是一个变量，执行时按变量来处理，这样就可以不使用 "." 运算符，从而减少代码的输入量。

拓展 2 substr 函数

substr 函数返回字符串的一部分。

语法：**substr（string,start,length）**

参数：

string：返回其中一部分的字符串，必选。

start：指定字符串的开始位置，必选。其中，正数为从字符串的第一位数起的数值-1 位置开始，负数则从字符串末端数起的数值位置开始，0 表示为在字符串中的第一个字符处开始。

length：返回的字符串长度，可选。默认是直到字符串的结尾。正数从 start 参数所在的位置返回，负数从字符串末端返回。

例如：

```
substr("www.phei.com.cn",0,3);  结果：www
substr("www.phei.com.cn",4,8);  结果：phei.com
substr("www.phei.com.cn",-2);  结果：cn
```

拓展 3　　strlen 函数

strlen 函数返回字符串的长度。

语法：**strlen（string）**

参数：

string：要检查的字符串，必选。

3.3　栏目列表信息的读取与显示

案例综述

本任务完成本栏目及兄弟栏目信息读取与显示程序段的编写。

栏目列表信息中包含本栏目和兄弟栏目。例如，"文字新闻"栏目的兄弟栏目只有"图片新闻"，如图 3-2 所示。

图 3-2　栏目列表显示块

想一想

① 本栏目代码的变量名是_____。

② 本栏目及兄弟栏目代码的筛选条件是_____。

操作步骤

① 使用 Dreamweaver 软件打开"art_info.php"文件。

② 修改注释，在"REM Description:图文信息显示"前输入一行"REM Modify By:Greenbud.Chen 2014-08-31　　增加位置导航条"。

③ 将"<h2>栏目列表</h2>"至"</div>"之间的代码修改为如下所示代码。

```
<?
$nCatIDLen=strlen($strCatID); //获得本级类别代码长度
if($nCatIDLen==2)
{
  $nForeCatIDLen=$nCatIDLen; //如果是一级栏目
```

```
    }else{
        $nForeCatIDLen=$nCatIDLen-2; //获得上一级类别代码长度
    }
    $strForeCatID=substr($strCatID,0,$nForeCatIDLen); //获得上一级类别代码
    $strSQL = "select * from ViewCatalog where left(CatID,{$nForeCatIDLen})='{$strForeCatID}' and
len(CatID)>{$nForeCatIDLen}";
    $rst=$pdo->query($strSQL);
    $i=0;
    while($rstGls=$rst->fetch())
    {
      if(++$i%2==0)   //如果被显示的栏目顺序为偶数，即为第二列，则栏目名称前加3个空格，否则加一
个空格
      {
          echo "   ";
      }else{
          echo " ";
      }
      echo   "<a class='childclass' href='list.php?ChannelID=".$rstGls["CatID"]."'>".
          $rstGls["CatName"]."</a>";
    }
    ?>
```

④ 按【F12】键预览网页，在随后打开的浏览器地址栏的 URL 后面追加 "?D=1" 字符
串并回车。

3.4　栏目列表信息的读取与显示

◉ 案例综述

本任务完成从图文信息表中筛选最新的 5 条精品推荐信息显示到相应的网页位置，如图 3-3
所示。图文信息精品推荐信息在数据库中的标识为 Elite，字段为真（Ture）。

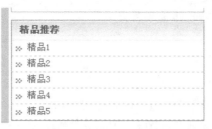

图 3-3　精品推荐显示块

◀)) 想一想

① 精品推荐的筛选条件是_____。
② 获取最新 5 条信息的方法是_____。
③ 最新 5 条精品推荐信息的 SQL 语句是_____。

操作步骤

① 使用 Dreamweaver 软件打开"art_info.php"文件。

② 修改注释，在"REM Description: 图文信息显示"前输入一行"REM Modify By: Greenbud.Chen 2014-08-31 增加栏目列表"。

③ 将代码

```
<li><a href="art_info.htm">精品1</a></li>
<li><a href="art_info.htm">精品2</a></li>
<li><a href="art_info.htm">精品3</a></li>
<li><a href="art_info.htm">精品4</a></li>
<li><a href="art_info.htm">精品5</a></li>
```

修改为

```
<?
$strSQL = "select top 10 ID,Title from ViewGls where Elite order by ID desc";
$rst=$pdo->query($strSQL);
for ($i=1;$i<=10;$i++)
{
  if ($rstInfo=$rst->fetch())
  {
        echo "<li><a href='art_info.php?ID=".$rstInfo["ID"]."'>".$rstInfo["Title"]."</a></li>";
  }else{
        echo "<li> </li>";
  }
}
?>
```

④ 按【F12】键预览网页，在随后打开的浏览器地址栏的 URL 后面追加"?ID=316"字符串并回车。

做一做

（1）试着用"表格描述法"写出"本类热门"的流程，写出完整的 PHP 代码并上机调试。

```
<li><a href="art_info.htm" target=_blank>本类热门</a></li>
<li><a href="art_info.htm" target=_blank>本类热门</a> </li>
<li><a href="art_info.htm" target=_blank>本类热门</a> </li>
<li><a href="art_info.htm" target=_blank>本类热门</a> </li>
<li><a href="art_info.htm" target=_blank>本类热门</a> </li>
```

提示

➢ 涉及字段为 ID、Title。

➢ 热门信息指点击率高的信息，字段 Hits 即为点击数。

➢ 该程序段的功能是读取并显示"本类"信息中点击率最高的 5 条信息。

➢ 请关注程序中已定义的类别代码变量。

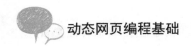

① 本类信息的筛选条件是_____。
② 获取点击率最高的 5 条信息的方法是_____。
③ 完整的 SQL 语句是_____。

（2）试着用"表格描述法"写出"栏目热门"的流程，写出完整的 PHP 代码并上机调试。

```
<li><a href="art_info.htm" target=_blank>栏目热门</a> </li>
<li><a href="art_info.htm" target=_blank>栏目热门</a> </li>
<li><a href="art_info.htm" target=_blank>栏目热门</a> </li>
<li><a href="art_info.htm" target=_blank>栏目热门</a> </li>
<li><a href="art_info.htm" target=_blank>栏目热门</a> </li>
```

提示

① 本栏目信息的筛选条件是_____。
② 完整的 SQL 语句是_____。

（3）试着用"表格描述法"写出"栏目精品"的流程，写出完整的 PHP 代码并上机调试。

```
<li><a href="art_info.htm" target=_blank>栏目精品推荐</a> </li>
<li><a href="art_info.htm" target=_blank>栏目精品推荐</a> </li>
<li><a href="art_info.htm" target=_blank>栏目精品推荐</a> </li>
<li><a href="art_info.htm" target=_blank>栏目精品推荐</a> </li>
<li><a href="art_info.htm" target=_blank>栏目精品推荐</a> </li>
```

完整的 SQL 语句是：_____。

注意

在修改"art_info.php"文件时不要忘了修改相应的文件头注释信息。

3.5 图文信息的读取与显示

案例综述

图文信息的读取与显示是本页面的主要任务，本任务完成指定 ID（由 URL 提供）的图文信息读取，按照页面设定的位置，依次显示文章标题、作者、文章来源、点击率、更新时间和文章内容等信息，如图 3-4 所示。

图 3-4　图文信息显示块

想一想

① 需要读取的字段分别是_____。
② 完整的 SQL 语句是_____。

操作步骤

① 使用 Dreamweaver 软件打开"art_info.php"文件。
② 修改注释。

```
<?
/*REM ##############################################################
REM File Name: art_info.php
REM Created By:  Greenbud.Chen   2014-08-30建立源文件
REM Modify By:  Greenbud.Chen   2014-08-31增加位置导航条
REM Modify By:  Greenbud.Chen   2014-08-31增加位置导航条
REM Modify By:  Greenbud.Chen   2014-08-31增加栏目列表
REM Modify By:  Greenbud.Chen   2014-08-31增加精品推荐
REM Modify By:  Greenbud.Chen   2014-08-31增加本栏热门
REM Modify By:  Greenbud.Chen   2014-08-31增加栏目热门
REM Modify By:  Greenbud.Chen   2014-08-31增加栏目精品
REM Modify By:  Greenbud.Chen   2014-09-01增加文章信息
REM Description: 图文信息显示
REM Include Files: i_myedu123_head.php、i_myedu123_bottom.php
                   i_myedu123_connectionstring.php
REM Project:      我的教育网
REM Version:      v1.00
REM Copyright (c) 2014 Greenbud WorkGroup All rights reserved.
REM ##############################################################*/
?>
```

③ 在"<div class="div_5" id="info_1_2_2">"后输入如下代码。

```
<?
$strSQL="select * from ViewGls where ID=".$nArtID;
$rst=$pdo->query($strSQL);
if (!$rstGls=$rst->fetch())
{
   die("文章不存在!");
}
?>
```

④ 将"<h1>文章标题</h1>"修改为"<h1><?=$rstGls["Title"]?></h1>"。
⑤ 将代码

```
<p>
   作者：    
   文章来源：    
   点击数：    
```

更新时间：
    </p>

修改为

    <p>
    作者：<?=$rstGls["Author"]?>
    文章来源：<?=$rstGls["CopyFrom"]?>
    点击数：<?=$rstGls["Hits"]?>
    更新时间：<?=date('Y-m-d',strtotime($rstGls["UpdateTime"]))?>
    </p>

将"文章内容"修改为"<?=$rstGls["Content"]?>"。

⑥ 按【F12】键预览网页，在随后打开的浏览器地址栏的 URL 后面追加"?ID=316"字符串并回车。

⑦ 刷新页面，观察"点击数"是否增加。

📢 做一做

完成首页"index.php"文件中热点文章、最新资源等板块的代码编写，并上机调试。

3.6 相关信息的读取与显示

📖 案例综述

相关信息包括两个部分，第一部分为利用百度的站内搜索功能，创建在本站搜索该文章标题的链接；第二部分为该文章前、后各一篇文章的链接，如图 3-5 所示。

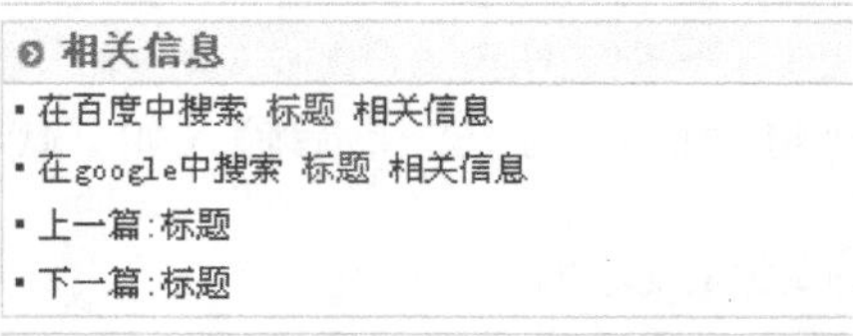

图 3-5 相关信息显示块

其中，百度站内搜索格式为 http://www.baidu.com/s?wd=site:网站 URL+关键字。

📢 想一想

① 上一篇文章的筛选条件是_____
② 完整的 SQL 语句是_____
③ 下一篇文章的筛选条件是_____
④ 完整的 SQL 语句是_____

操作步骤

① 使用 Dreamweaver 软件打开"art_info.php"文件。

② 修改注释，在"REM Description: 图文信息显示"前输入一行"REM Modify By: Greenbud.Chen　　2014-09-01 增加相关信息"。

③ 设定百度站内关键字搜索，将代码

```
<p>·<a href="http://www.baidu.com/s?wd=site:www.phei.com.cn+关键字" rel=external>在百度中搜索
<span class="hotword">标题</span> 相关信息</a></p>
```

修改为

```
<p>·<a href="http://www.baidu.com/s?wd=site:www.phei.com.cn+<?=$rstGls["aKey"]?>" rel=external>
在百度中搜索 <span class="hotword"><?=$rstGls["Title"]?></span> 相关信息 </a></p>
```

④ 读取并显示上一篇文章，将代码

```
<p>·上一篇:<a class="linksoftcorrelative" title="作者:上传时间" href="art_info.php?InfoID=">标题
</a></p>
```

修改为

```
<p>·上一篇:
<?
$strSQL="select top 1 ID,Title,Author,Updatetime from ViewGls where ID>".$nArtID;
$rst=$pdo->query($strSQL);
if ($rstGls=$rst->fetch())
{
  echo "<a class='linksoftcorrelative' title='".$rstGls["Author"].
       ":".date('Y-m-d',strtotime($rstGls["UpdateTime"])).
       "' href='art_info.php?ID=".$rstGls["ID"]."'>".$rstGls["Title"]."</a></p>";
}else{
  echo "没有了</p>";
}
?>
```

⑤ 读取并显示下一篇文章，将代码

```
<p>·下一篇:<a class="linksoftcorrelative" title="作者:上传时间" href="art_info.htm">标题</a></p>
```

修改为

```
<p>·下一篇:
<?
$strSQL="select top 1 ID,Title,Author,Updatetime from ViewGls where ID<".$nArtID;
$rst=$pdo->query($strSQL);
if ($rstGls=$rst->fetch())
{
  echo "<a class='linksoftcorrelative' title='".$rstGls["Author"].
       ":".date('Y-m-d',strtotime($rstGls["UpdateTime"])).
       "' href='art_info.php?ID=".$rstGls["ID"]."'>".$rstGls["Title"]."</a></p>";
}else{
```

```
    echo "没有了</p>";
  }
  ?>
```

⑥ 按【F12】键预览网页，在随后打开的浏览器地址栏的 URL 后面追加"?ID=316"字符串并回车。

做一做

上述"上一篇"、"下一篇"文章的筛选范围为整个图文信息，试着将它们在本栏目中进行筛选。写出完整的 PHP 代码并上机调试。

3.7 文章评论信息的读取与显示

案例综述

本任务完成文章评论信息的读取，并按如图 3-6 所示的格式显示评论信息。文章评论信息最多显示 5 条最新评论。

图 3-6 最新评论信息显示块

想一想

① 文章评论信息的筛选条件是＿＿＿＿＿＿＿＿＿＿＿＿＿＿＿＿＿＿＿＿＿＿＿＿＿＿＿＿。

② 完整的 SQL 语句是＿＿＿＿＿＿＿＿＿＿＿＿＿＿＿＿＿＿＿＿＿＿＿＿＿＿＿＿＿＿＿。

③ 什么是 ASCII 码？＿＿＿＿＿＿＿＿＿＿＿＿＿＿＿＿＿＿＿＿＿＿＿＿＿＿＿＿＿＿＿。

④ 如何正确显示评论内容中包含的空格和换行字符？

＿＿。

操作步骤

① 使用 Dreamweaver 软件打开"art_info.php"文件。

② 修改注释，在"REM Description: 图文信息显示"前输入一行"REM Modify By:Greenbud.Chen 2014-09-01 增加文章评论信息"。

③ 读取与显示最新 5 条评论信息，将代码

```
<p>
    <span class="hotword">★★★★★</span>评论时间 - IP - 用户名 :</br>
         评论内容
</p>
<p>
    <span class="hotword">★★★★★</span>评论时间 - IP - 用户名 :</br>
         评论内容
</p>
<p>
    <span class="hotword">★★★★★</span>评论时间 - IP - 用户名 :</br>
         评论内容
</p>
<p>
    <span class="hotword">★★★★★</span>评论时间 - IP - 用户名 :</br>
         评论内容
</p>
<p>
    <span class="hotword">★★★★★</span>评论时间 - IP - 用户名 :</br>
         评论内容
</p>
```

修改为

```
<?
$strSQL="select top 5 * from ViewComment where ObjectID=".$nArtID." and CatID='".
  $strCatID."' order by ID Desc"; //最新5条评论信息
$rst=$pdo->query($strSQL);
while($rstGls=$rst->fetch())
{
  echo "<p><span class='hotword'>".str_repeat("★",$rstGls["Stars"])."</span>";
  echo $rstGls["WriteTime"]." - ".$rstGls["IP"]." - ".$rstGls["UserName"]." :</br>";
  echo "    ";
  echo htmlspecialchars($rstGls["Content"]);
}
?>
```

④ 按【F12】键预览网页，在随后打开的浏览器地址栏的 URL 后面追加"?ID=316"字符串并回车。

知识拓展

拓展 1 | str_repeat 函数

htmlspecialchars 函数把一些预定义的字符转换为 HTML 实体。

语法：**htmlspecialchars（string,quotestyle,character-set）**

参数：

string：要转换的字符串，必选。

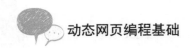

拓展 2 评论信息的简单格式化（htmlspecialchars 函数）

如果用户在发表评论信息时加入 JavaScript 代码、嵌套框架等 HTML 源代码，直接显示将导致程序执行这些源代码；另外，在显示输出时，HTML 会自动截去多余的空格，不管有多少空格，都被看作一个空格，为了在网页中增加空格，只能用 " " 表示空格，同样，换行（回车）也只能用 "<br>" 来表示。

为此，在显示评论信息前，必须对该信息进行简单的格式化。PHP 中提供了 htmlspecialchars 函数。

htmlspecialchars 函数把一些预定义的字符转换为 HTML 实体。

语法： **htmlspecialchars（string,quotestyle,character-set）**

参数：

string：要转换的字符串，必选。

quotestyle：规定如何编码单引号和双引号，可选。ENT_COMPAT——为默认值，仅编码双引号；ENT_QUOTES——编码双引号和单引号；ENT_NOQUOTES——不编码任何引号。

character-set：字符串值，规定要使用的字符集，可选。ISO-8859-1 为默认值，西欧；ISO-8859-15——西欧（增加 Euro 符号以及法语、芬兰语字母）；UTF-8——ASCII 兼容多字节 8 比特 Unicode；cp866——DOS 专用 Cyrillic 字符集；cp1251——Windows 专用 Cyrillic 字符集；cp1252——Windows 专用西欧字符集；KOI8-R——俄语；GB2312——简体中文，国家标准字符集；BIG5——繁体中文；BIG5-HKSCS——Big5 香港扩展；Shift_JIS——日语；EUC-JP——日语。

◁ 做一做 ▷

完成资源信息页面 "res_info.php" 文件的设计，并上机调试。

3.8 资源下载程序

■案例综述

当用户单击资源信息页面 "下载页面"（如图 3-7 所示）中的任一下载链接后，即调用资源下载程序，其调用的 URL 格式为 "http://url?ID=160&Url=1"。资源下载程序实现更新资源下载次数和提供下载两项功能。本任务完成资源下载程序的设计。

> ⊙ ▶ 下载页面
> 广告位：ResInfo04
>   🔗 **点这里下载->网通线路**
>   🔗 **点这里下载->电信线路**
>   🔗 **点这里下载->教育局内网**
> 广告位：ResInfo05
> 广告位：ResInfo06

图 3-7 资源信息页面的 "下载页面" 信息显示块

操作步骤

① 新建"PHP"页面，并选择"代码"视图模式。

② 输入文件头注释。

```
<?
/*REM ####################################################################
REM File Name: download.php
REM Created By:  Greenbud.Chen  2014-09-01增加文章评论信息
REM Description: 资源下载程序
REM Include Files:     i_myedu123_connectionstring.php
REM Project:            我的教育网
REM Version:           v1.00
REM Copyright (c) 2014 Greenbud WorkGroup All rights reserved.
REM ####################################################################*/
?>
```

③ 在随后的行中输入数据库连接字符串包含文件"<? include "../inc/i_myedu123_connectionstring.php"; ?>"。

④ 将文件保存至"codes"文件夹，文件命名为"download.php"。

⑤ 读取 URL 传递的数据并进行有效性检查。

```
<?
$nResID=$_GET["ID"];
if (!is_numeric($nResID)) { $nResID=0;}
$nUrl=$_GET["Url"];
if (!is_numeric($nUrl)) { $nUrl=0;}
//判断变量$nResID和￥nUrl的值是否有效，如果无效提示参数错误
if ($nResID<1 || ($nUrl<1 && $nUrl>4))
{
  die("参数错误!");
}
```

⑥ 从 ViewRes 视图中读取指定的下载地址信息。

```
//从ViewRes视图中读取指定的下载地址信息
$pdo =new PDO($strDSN, $strDBName, $strDBPWD);
$strSQL="select Url{$nUrl} as DownUrl from ViewRes where ID=".$nResID;
$rst=$pdo->query($strSQL);
if ($rstInfo=$rst->fetch())
{
  $strDownUrl=$rstInfo["DownUrl"];

}else{
  die("资源文件不存在！");
}
```

⑦ 更新下载次数后跳转到下载 URL 指向的页面。

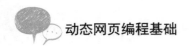

```
//更新下载次数信息
$strSQL="update Res set DownCount=DownCount+1 where ID=".$nResID;
$rst=$pdo->exec($strSQL);
echo "<meta http-equiv='Refresh' content='1;URL={$strDownUrl}'>";
?>
```

⑧ 保存并上传文件。

 本章小结

知识与技能	学 习 情 况		
	掌握（理解）	基本掌握（理解）	未掌握（理解）
PHP 获取 URL 参数的获取方法及应用			
检测类函数及其使用方法			
终止 PHP 程序运行的语句及使用			
PHP 更新数据库的方法			
位置导航信息显示代码的编写方法			
栏目列表信息的读取和显示			
精品信息的读取和显示			
上下文信息读取与显示方法			
利用百度搜索本站的方法			
字符串中引用变量的方法及应用			
网页参数合法性检测与错误处理办法			
显示信息格式化的语句及使用			

第 4 章

创建列表信息页面文件

列表信息页面文件，简称列表页，在三层显示架构的网站中属于第二层。列表页的功能是按页显示指定类别的信息列表，根据浏览者的要求，每次分别从符合查询条件的记录中将规定数目的记录数读取出来并显示。通常客户端传送过来的参数有两种：查询条件和显示页数，而每页的行数则由程序中设定。由"list.php?ChannelID=01&Page=3"可知，list.php 页面从 URL 处得到的参数为类别代码（ChannelID）和页码（Page）。

本章将完成"绿蕾教育网"中的"列表信息页面文件"的代码编写任务。

本章重点

- intval 等变量数据类型转换函数及用法
- PHP 分页显示技术
- PHP 三目运算符及其使用
- 数据合法性检查及错误信息提示框的实现
- 信息搜索的实现及搜索页面的设计
- trim 等删除字符串两端空格函数及其用法
- switch 条件语句及其用法
- 数据库模糊查找方法及其应用

4.1 新建信息列表程序页面

案例综述

本任务完成 list.php 页面的新建、URL 参数处理、分页相关部分参数的建立和设置等功能。

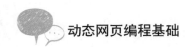

想一想

① 本网站共涉及的栏目类型分别是_____。
② 不同栏目类型信息对应的表名和视图名分别是_____。
③ 不同栏目类型信息的 PHP 页面分别是_____。

操作步骤

① 打开资源包"php_myedu123_01"中的"codes/list.htm"文件,并选择"代码"视图模式。

② 在"<head>"前输入如下文件头注释:

```
<?
/*REM ###########################################################
REM File Name: list.php
REM Created By:      Greenbud.Chen   2014-09-01建立源文件
REM Description:     列表信息显示
REM Include Files:   i_myedu123_head.php、i_myedu123_bottom.php
                     i_myedu123_connectionstring.php
REM Project:         我的教育网
REM Version:         v1.00
REM Copyright (c) 2014 Greenbud WorkGroup All rights reserved.
REM ###########################################################*/
?>
```

③ 在随后的行中输入数据库连接字符串包含文件"<? include "../inc/i_myedu123_connectionstring.php"; ?>"。

④ 将"<!--head start-->"与"<!--head end-->"之间的代码替换成"<? include "../inc/i_ myedu123_head.php"; ?>"。

⑤ 将"<!--bottom start-->"与"<!--bottom end-->"之间的代码替换成"<? include "../inc/i_myedu123_bottom.php"; ?>"。

⑥ 将"list.htm"另存到网站的"codes"文件夹中,文件命名为"list.php"。

⑦ 在"<head>"前输入如下代码。

```
<?
$nPageSize=10; //设定每页信息条数
$strInfoView="ViewGls"; //初始化查询视图名变量
$strInfoFile="art_info.php"; //初始化信息显示网页PHP文件名变量
$strCatID=$_REQUEST["ChannelID"]; //获取客户端浏览器传递给服务器的ChannelID
$nPageCount=$_REQUEST["Page"]; //获取客户端浏览器传递给服务器的当前页码
if (!is_numeric($strCatID)) { $strCatID=0;} //如果strCatID为非数字,则置为0
$nPageCount=intval($nPageCount); //将nPageCount转换成整数
if ($nPageCount<=0) { $nPageCount=1;} //如果nPageCount为小于1的数字,则置为1
if ($strCatID<=0) { die("参数错误!");}
//获取CatName和CatType,确定查询视图名和信息显示网页PHP文件名
$pdo =new PDO($strDSN, $strDBName, $strDBPWD);
$strSQL="select CatName,CatType from ViewCatalog where CatID='{$strCatID}'";
```

```
$rst=$pdo->query($strSQL);
if ($rstCat=$rst->fetch())
{
  $strCatName=$rstCat["CatName"]; //得到类别代码
  if($rstCat["CatType"]>0) //如果得到的类别类型大于0，则该栏目为资源下载类型
  {
    $strInfoView="ViewResDownload";
    $strInfoFile="res_info.php";
  }
}else{
  die("栏目不存在!");
}
?>
```

⑧ 将"<title>"修改为"<title>绿蕾教育-绿蕾工作组[<?=$strCatName?>]列表信息</title>"。

⑨ 按【F12】键预览网页（单击"否"按钮，上传相关文件），将得到"参数错误!"的提示。

⑩ 在浏览器地址栏的 URL 后面追加"?ChannelID=02"字符串并回车，注意查看浏览器标题发生的变化。

知识拓展

intval 函数

intval 函数可将变量转成整数类型。

语法：intval（mixed, int）

参数：

mixed：被转换的变量，必须，可以为数组或类之外的任何类型变量。

int：转换的基底，可选，默认值为 10。

类似的转换函数还有以下 2 个。

（1）doubleval（mixed）：可将变量转成倍浮点数类型。

（2）strval（mixed）：可将数组及类之外的变量类型转换成字符串类型。

做一做

① 参照 3.2，写出完整的"位置导航"程序段并上机调试。

② 参照 3.3，写出完整的"栏目列表"程序段并上机调试。

③ 参照 3.4，写出完整的"精品推荐"程序段并上机调试。

④ 写出完整的"本类热点"、"栏目热点"和"栏目精品"程序段并上机调试。

注意

① 在修改 list.php 时不要忘了修改相应的文件头注释信息。

② 读取"精品推荐"、"本类热点"、"栏目热点"和"栏目精品"的信息时，应根据不同的信息类型

分别从不同的数据表中读取，而显示时的链接也要根据不同的信息类型选择不同的三级页面。

4.2 分页技术（列表信息读取与显示）

案例综述

分页显示是信息列表页面的主要任务，分页技术包括按指定要求筛选符合条件的信息、显示列表信息、设定翻页工具栏等。本任务完成按类别分页显示列表信息并设定如下图所示的翻页工具栏，每页显示$nPageSize 条信息。

| 共 31 条信息 首页 上一页 下一页 尾页 页次：3/4页 10条信息/页 转到： 第3页 ▼ |

翻页工具栏

想一想

① 在 ViewGls 数据表中，筛选类别代码为"02"、最新 10 条信息的 SQL 语句是_____ _____。

② 在 ViewGls 数据表中，筛选类别代码为$strCatID（变量）、最新$nPageSize（变量）条信息的 PHP 语句是_____。

③ Select 嵌套语句的书写格式是_____。

④ 在 ViewGls 数据表中，除去最新50条以后的最新10条信息的 SQL 语句是_____ _____。

⑤ 在 ViewGls 数据表中，筛选类别代码为$strCatID（变量）、除去最新$nPageCount（变量）乘以$nPageSize（变量）以后的最新$nPageSize（变量）条信息的 SQL 语句是_____ _____。

操作步骤

① 使用 Dreamweaver 软件打开"list.php"文件。

② 修改注释，在"REM Description:列表信息显示"前输入一行"REM Modify By: Greenbud.Chen 2014-09-02 分页技术（列表信息读取与显示）"。

③ 将代码"<h2>当前分类：</h2>"修改为"<h2>当前分类：<?=$strCatName?></h2>"。

④ 读取一页列表信息，在"<h2>当前分类：</h2>"之后输入如下代码。

```
<?
//获取符合条件的记录总数
$strSQL="select count(*) as totalrec from {$strInfoView} ".
    "where left(CatID,".strlen($strCatID).")='{$strCatID}'";
$rst=$pdo->query($strSQL);
$rstInfo=$rst->fetch();
$nTotalRec=$rstInfo["totalrec"]; //得到记录总数
$nTotalPages=intval($nTotalRec/$nPageSize); //计算得到总页数的整数部分
```

```
if($nTotalRec%$nPageSize>0) //
{
  $nTotalPages=$nTotalPages+1;
}
//设置搜索条件字符串值，即left(CatID,$strCatID的长度)=$strCatID
$strSeek="left(CatID,".strlen($strCatID).")='{$strCatID}'";
if($nPageCount==1) //如果是第一页，则select不嵌套，否则嵌套
{
  $strSQL="select top {$nPageSize} ID,Title,Brief,Author,CatName,[Level],Hits,UpdateTime,".
      "Stars from {$strInfoView} where {$strSeek} order by ID Desc";
}else{
  $strSQL="select top {$nPageSize} ID,Title,Brief,Author,CatName,[Level],Hits,UpdateTime,".
      "Stars from {$strInfoView} where {$strSeek}".
      " and ID not in (select top ".($nPageCount-1)*$nPageSize." ID ".
      "from {$strInfoView} where {$strSeek} order by ID Desc) order by ID Desc";
}
//echo $strSQL;
$rst=$pdo->query($strSQL);
while($rstInfo=$rst->fetch())
{
?>
```

⑤ 输出列表信息，紧接上述代码，并修改"<div class="list_1_2_2_div">"层内代码如下所示。

```
<div class="list_div_1">
    <a href="<?=$strInfoFile?>?ID=<?=$rstInfo["ID"]?>" target=_blank><?=$rstInfo["Title"]?></a>
</div>
<div class="list_div_2">
  ·<?=$rstInfo["Brief"]?>
</div>
<div class="list_div_3">
  <p>作者:<span><?=$rstInfo["Author"]?></span></p>
  <p>类别:<span><?=$rstInfo["CatName"]?></span></p>
  <p>级别:<span><?=$rstInfo["Level"]?></span></p>
  <p>点击:<span><?=$rstInfo["Hits"]?></span></p>
  <p>添加:<span><?=date('Y-m-d',strtotime($rstInfo["UpdateTime"]))?></span></p>
  <p>星级:<span><font color=#009999><?=str_repeat("★",$rstInfo["Stars"])?></font></span></p>
</div>
</div>
<?
}
?>
```

⑥ 显示分页工具栏，将"<div class="show_page">"域内代码修改为如下所示。

```
共 <b><?=$nTotalRec?></b> 条信息
  <a href="list.php?ChannelID=<?=$strCatID?>&Page=1">首页</a>
 <a href="list.php?ChannelID=<?=$strCatID?>&Page=<?=$nPageCount-(nPageCount>1?1:0)?>">
```

上一页</a>
 <a
href="list.php?ChannelID=<?=$strCatID?>&Page=<?=$nPageCount>=$nTotalPages?$nPageCount:$nPageCount+1?
>">下一页</a>
 <a href="list.php?ChannelID=<?=$strCatID?>&Page=<?=$nTotalPages?>">尾页</a>
 页次：<font color=red><?=$nPageCount?></font>/<?=$nTotalPages?>页
 <?=$nPageSize?>条信息/页
 转到：
<select onchange=javascript:location.href=this.options[this.selectedIndex].value; size="1" name="page">
<?
for($i=1;$i<=$nTotalPages;$i++)
{
    echo "<option value='list.php?ChannelID=".$strCatID."&Page=".$i."'".
    ($i==$nPageCount?" selected":"").">第".$i."页</option>";
}
 ?>
</select>

⑦ 按【F12】键预览网页，单击"是"按钮，上传相关文件。在随后打开的浏览器地址栏的 URL 后面追加"? ChannelID=02"字符串并回车。

知识拓展

拓展 1 分页技术

分页技术的关键在于如何正确筛选指定的信息，本程序采用了 **Select 嵌套方法**来读取指定的信息：

select top 行数 字段列表 from 表 where 条件 and ID not in (select top (当前页数-1)*行数 ID from 表where条件order by ID Desc) order by ID Desc

它表示从数据表中除去已经被显示的信息"（当前页数-1）*行数"后，再筛选符合条件的最新信息。

拓展 2 三目运算符

PHP 的三目运算符由两个表示符号即问号、冒号组成。

三目运算格式：**exp1? exp2:exp3**

如果 exp1 的结果为 true 则返回 exp2 的值，否则返回 exp3 的值。

例如：

```
$a=2;
$b=3;
$d=($a>$b)?5:7;
echo "d=".$d;
```

输出结果为： d=7

```
$a=4;
$b=3;
$d=($a>$b)?5:7;
echo "d=".$d;
```

输出结果为：d=5

4.3　新建搜索列表信息文件

案例综述

搜索列表信息页面（search.php）的功能是按页显示符合搜索关键字的信息列表。本网站提供了 3 种方式的搜索功能。

站内搜索：按关键字搜索图文及资源信息。$Opt=1，从 ViewGlsRes 视图中筛选。

字母搜索：按标题第一个英文字母或拼音字母搜索资源信息。$Opt=2，从 ViewRes 视图中筛选。

绿蕾搜索：按关键字、标题、内容全面搜索图文及资源信息。$Opt=3，从 ViewGlsRes 视图中筛选。

调用页面传递的参数有 $Opt 和 $KeyWord 两个。

本任务完成的 search.php 页面的新建、URL 参数处理、分页相关部分参数的建立和设置等功能。

想一想

① 本网站共涉及的栏目类型分别是＿＿＿＿＿＿＿＿＿＿＿＿＿＿＿＿＿＿＿＿＿＿＿＿＿。

② 不同栏目类型信息对应的表名和视图名分别是＿＿＿＿＿＿＿＿＿＿＿＿＿＿＿＿＿。

③ 不同栏目类型信息的 PHP 页面分别是＿＿＿＿＿＿＿＿＿＿＿＿＿＿＿＿＿＿＿＿。

操作步骤

① 打开资源包"php_myedu123_01"中的"codes/search.htm"文件，并选择"代码"视图格式。

② 在"<head>"前输入文件头注释：

```
<?
/*REM ########################################################################
REM File Name: list.php
REM Created By:        Greenbud.Chen   2014-09-02建立源文件
REM Description:       搜索列表信息显示
REM Include Files:     i_myedu123_head.php、i_myedu123_bottom.php
                       i_myedu123_connectionstring.php
REM Project:          我的教育网
REM Version:          v1.00
REM Copyright (c) 2014 Greenbud WorkGroup All rights reserved.
REM ########################################################################*/
?>
```

③ 在随后的行中输入数据库连接字符串和自定义函数包含文件。

```
<? include "../inc/i_myedu123_connectionstring.php"; ?>
```

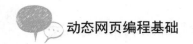

④ 将"<!--head start-->"与"<!--head end-->"之间的代码替换成"<? include "../inc/i_myedu123_head.php"; ?>"。

⑤ 将"<!--bottom start-->"与"<!--bottom end-->"之间的代码替换成"<? include "../inc/i_myedu123_bottom.php"; ?>"。

⑥ 将"search.htm"另存到网站的"codes"文件夹中，文件名为"search.php"。

⑦ 在"<head>"前输入如下代码。

```php
<?
$nPageSize=10;                              //设定每页信息条数
$strInfoView="ViewGls";                     //初始化查询视图名变量
$strInfoFile="art_info.php";                //初始化信息显示网页PHP文件名变量
$nOpt=$_REQUEST["Opt"];                     //获取客户端浏览器传递给服务器的Opt
$strKeyWord=trim($_REQUEST["keyword"]);     //获取KeyWord，并除去两端空格
$nPageCount=$_REQUEST["Page"];
if (!is_numeric($nOpt)) { $nOpt=0;}
$nPageCount=intval($nPageCount);
if ($nPageCount<=0) { $nPageCount=1;}
if ($nOpt<1 or $nOpt>3 or $strKeyWord=="") { die("参数错误!");}
if ($nOpt==2)
{
    $strInfoView="ViewResDownload";
    $strInfoFile="res_info.php";
}
?>
```

⑧ 将"<title>"修改为"<title>绿蕾教育-绿蕾工作组[<?=$strKeyWord?>]列表信息</title>"。

⑨ 按【F12】键预览网页（单击"否"按钮，不上传相关文件），将得到"参数错误!"的提示。

⑩ 在浏览器地址栏的 URL 后面追加"? Opt=1&KeyWord=绿蕾工作组"字符串并回车，注意查看浏览器标题发生的变化。

知识拓展

trim 函数

trim 函数删除字符串两端的空格。

函数格式：**Trim(string)**

其中，string 为有效的字符串表达式。

类似的删除字符串空格函数还有以下两种。

ltrim(string)：删除字符串左端的空格。string 为必选参数，有效的字符串表达式。

rtrim(string)：删除字符串右端的空格。string 为必选参数，有效的字符串表达式。

做一做

① 试着用"表格描述法"写出"精品推荐"的流程，写出完整的 PHP 代码并上机调试。

```
<li><a href="res_info.htm">精品推荐1</a></li>
<li><a href="res_info.htm">精品推荐2</a></li>
<li><a href="res_info.htm">精品推荐3</a></li>
<li><a href="res_info.htm">精品推荐4</a></li>
<li><a href="res_info.htm">精品推荐5</a></li>
<li><a href="res_info.htm">精品推荐6</a></li>
<li><a href="res_info.htm">精品推荐7</a></li>
<li><a href="res_info.htm">精品推荐8</a></li>
<li><a href="res_info.htm">精品推荐9</a></li>
<li><a href="res_info.htm">精品推荐10</a></li>
```

提示

➤ 整站范围内的精品推荐信息应从 ViewGlsRes 视图中读取。

➤ 涉及字段为 ID、Title、CatType。

➤ 在显示输出时，充分应用 IIF 自定义函数，根据 CatType 值的不同，正确选择链接页面文件（art_info.php 和 res_info.php）。

想一想

完整的 SQL 语句是_____。

② 试着用"表格描述法"写出"热点信息"的流程，写出完整的 PHP 代码并上机调试。

```
<li><a href="res_info.htm">热点信息1</a></li>
<li><a href="res_info.htm">热点信息2</a></li>
<li><a href="res_info.htm">热点信息3</a></li>
<li><a href="res_info.htm">热点信息4</a></li>
<li><a href="res_info.htm">热点信息5</a></li>
<li><a href="res_info.htm">热点信息6</a></li>
<li><a href="res_info.htm">热点信息7</a></li>
<li><a href="res_info.htm">热点信息8</a></li>
<li><a href="res_info.htm">热点信息9</a></li>
<li><a href="res_info.htm">热点信息10</a></li>
```

提示

整站范围内的热点信息应从 ViewGlsRes 视图中读取点击数高的信息。

想一想

完整的 SQL 语句是_____。

4.4 信息搜索及列表显示

案例综述

本任务完成按搜索关键字要求筛选并显示列表信息和设置翻页工具栏。

想一想

① 在 Access 中 like 的用法是_____。

② 在 MySQL 中 like 的用法是_____。

操作步骤

① 使用 Dreamweaver 软件打开"search.php"文件。

② 修改注释，在"REM Description: 搜索列表信息显示"前输入一行"REM Modify By: Greenbud.Chen 2014-09-03 信息搜索及列表显示"。

③ 将代码"<h2>当前搜索：</h2>"修改为"<h2>当前搜索 <?=$strKeyWord?></h2>"。

④ 读取一页列表信息，在"<div class="list_1_2_2_div">"前输入如下代码。

```
<?
switch ($nOpt)
{
  case 1: //站内搜索：按关键字搜索图文及资源信息
        $strSeek="aKey like '%{$strKeyWord}%' ";
        break;
  case 2: //字母搜索：按标题第一个英文字母搜索资源信息
        $strSeek="left(Title,1)='{$strKeyWord}' ";
        break;
  default: //绿蕾搜索：按关键字、标题、内容全面搜索图文及资源信息
        $strSeek="aKey like '%{$strKeyWord}%' or ".
              "Title like '%{$strKeyWord}%' or Content like '%{$strKeyWord}%' ";
}
$pdo =new PDO($strDSN, $strDBName, $strDBPWD);
$strSQL="select count(*) as totalrec from {$strInfoView} where {$strSeek}";
$rst=$pdo->query($strSQL);
$rstInfo=$rst->fetch();
$nTotalRec=$rstInfo["totalrec"]; //得到记录总数
$nTotalPages=intval($nTotalRec/$nPageSize); //计算得到总页数的整数部分
if($nTotalRec%$nPageSize>0) //
  {
    $nTotalPages=$nTotalPages+1;
  }
if($nPageCount==1) //如果是第一页，则select不嵌套，否则嵌套
  {
    $strSQL="select top {$nPageSize} ID,Title,Brief,Author,CatName,[Level],Hits,UpdateTime,".
            "Stars from ViewGlsRes where ".$strSeek." order by ID Desc";
  }else{
```

```
$strSQL="select top {$nPageSize} ID,Title,Brief,Author,CatName,[Level],Hits,UpdateTime,".
        "Stars from {$strInfoView} where ({$strSeek})".
        " and ID not in (select top ".($nPageCount-1)*$nPageSize." ID ".
        "from {$strInfoView} where {$strSeek} order by ID Desc) order by ID Desc";
}
$rst=$pdo->query($strSQL);
while ($rstInfo=$rst->fetch())
{
?>
```

⑤　输出列表信息，紧接上述代码，并修改 "<div class="list_1_2_2_div">" 层内代码如下所示。

```
<div class="list_div_1">
    <a href="<?=$strInfoFile?>?ID=<?=$rstInfo["ID"]?>" target=_blank><?=$rstInfo["Title"]?></a>
</div>
<div class="list_div_2">
    ·<?=$rstInfo["Brief"]?>
</div>
<div class="list_div_3">
    <p>作者:<span><?=$rstInfo["Author"]?></span></p>
    <p>类别:<span><?=$rstInfo["CatName"]?></span></p>
    <p>级别:<span><?=$rstInfo["Level"]?></span></p>
    <p>点击:<span><?=$rstInfo["Hits"]?></span></p>
    <p>添加:<span><?=date('Y-m-d',strtotime($rstInfo["UpdateTime"]))?></span></p>
    <p>星级:<span><font color=#009999><?=str_repeat("★",$rstInfo["Stars"])?></font></span></p>
</div>
</div>
<?
}
?>
```

⑥　显示分页工具栏，将 "<div class="show_page">" 层内代码修改为如下所示。

```
<?
$strFirstUrl="search.php?Opt=".$nOpt."&KeyWord=".$strKeyWord."&Page=";
?>
共 <b><?=$nTotalRec?></b> 条信息
  <a href="<?=$strFirstUrl?>1">首页</a>
 <a href="<?=$strFirstUrl?><?=$nPageCount-(nPageCount>1?1:0)?>">上一页</a>
 <a href="<?=$strFirstUrl?><?=$nPageCount>=$nTotalPages?$nPageCount:$nPageCount+1?>">下
一页</a>
 <a href="<?=$strFirstUrl?><?=$strCatID?>&Page=<?=$nTotalPages?>">尾页</a>
 页次：<strong><font color=red><?=$nPageCount?></font>/<?=$nTotalPages?></strong>页
 <b><?=$nPageSize?></b>条信息/页
 转到：
<select onchange=javascript:location.href=this.options[this.selectedIndex].value; size="1" name="page">
<?
for($i=1;$i<=$nTotalPages;$i++)
```

```
{
    echo "<option value='{$strFirstUrl}{$i}'".
  ($i==$nPageCount?" selected":"").">第".$i."页</option>";
}
  ?>
</select>
```

⑦ 按【F12】键预览网页，在随后打开的浏览器地址栏的 URL 后面追加"? Opt=1&KeyWord=绿蕾工作组"字符串并回车。

知识拓展

拓展 1　switch 语句

switch 语句用于基于不同条件执行不同动作。如果有选择地执行若干代码块之一，请使用 switch 语句。switch 语句可以避免冗长的 if..elseif..else 代码块。语句格式如下。

```
switch (testexpression)
{
case expressionlist-1:
    statements -1;
    break;
case expressionlist-2:
    statements -2;
    break;
default:
    statements -n;
}
```

其中，
- **testexpression**：任意数值或字符串表达式。
- **expressionlist-n**：若 case 出现则为必选项，一个或多个表达式的分界列表。
- **statements-n**：当 testexpression 与 expressionlist-n 中的任意部分匹配时，执行一条或多条语句。

switch 语句的工作原理是：先对表达式（通常是变量）进行一次计算，把表达式的值与结构中 case 的值进行比较，如果存在匹配，则执行与 case 关联的代码，代码执行后，break 语句阻止代码跳入下一个 case 中继续执行，如果没有 case 为真，则使用 default 语句。

如果要将同一个表达式与不同的值进行比较，则可以用 select…case 语句来替换 if…then…else 语句。

拓展 2　PHP 模糊查找

PHP 模糊查找实际上是利用了数据库 SQL 查询语句 where 子句中的 like 操作符，其格式为"**where 列（字段）like 条件**"，它主要是针对字符类型的列（字段），其功能是在一个字符型列中检索包含对应条件的记录。

符号"%"用于定义条件中的通配符，即代表任意个任意字符。

例如，
- 查询标题字段中包含"网页"的信息：**where Title like '%网页%'**

> ➤ 查询标题字段中以"网页"开头的信息：where Title like '网页%'
> ➤ 查询标题字段中以"网页"结尾的信息：where Title like '%网页'

本章小结

知识与技能	学 习 情 况		
	掌握（理解）	基本掌握（理解）	未掌握（理解）
intval 等变量数据类型转换函数及其用法			
PHP 分页显示技术			
数据合法性检查及错误信息提示框的实现			
PHP 三目运算符及使用			
信息搜索的实现及搜索页面的设计			
trim 等删除字符串两端空格函数及用法			
switch 条件语句及用法			
数据库模糊查找方法及应用			

第 5 章

完善网站前台相关页面

本章将完成"绿蕾教育网"中内容页中的"添加评论信息",首页中的"用户登录与验证"、"网站调查"、"网站统计信息"及"广告信息显示"等代码的编写任务。

本章重点

- PHP 过滤垃圾信息的方法
- 自定义函数及应用
- PHP 数组及应用
- foreach 语句及应用
- 字符串分割函数及应用
- 字符串搜索函数及应用
- 获取服务器信息函数及应用
- 验证码及验证程序的使用
- 用户登录与验证的一般方法
- PHP 表单参数的获取方法
- PHP 的 Session 和 Cookies 及应用
- PHP 页面跳转命令及应用
- PHP 中用表达式实现变量名的方法及应用
- 使用 PHP 向数据库添加数据的实现方法

5.1 新建"自定义函数"文件

案例综述

自定义函数也称为用户自定义函数,是由程序员创建的小程序。自定义函数可以在任何 PHP 代码段中创建,创建后在本页 PHP 代码中使用。通常自定义函数建立在包含文件中,便于在不同页面中使用。

　　鉴于用户评论信息的不确定性，为了防止敏感字词被提交到网站，一般，需要对用户提交的评论信息进行检查，本任务完成一个检查字符串中是否包含敏感字词的自定义函数。

🔊 想一想

　　为了防止浏览者发表敏感评论，可以用 JavaScript 技术对内容进行过滤，具体代码是

_____。

操作步骤

　① 使用 Dreamweaver 新建一个 PHP 文件，转到"代码"视图格式，删除所有代码。
　② 输入文件头注释：

```
<?
/*REM ###################################################################
REM File Name:          i_myedu123_function.php
REM Description:        自定义函数包文件
REM Created By:         Greenbud.Chen   2014-09-03新建ChkBadWord自定义函数
REM Project:            我的教育网
REM Version:            v1.00
REM Copyright (c) 2014 Greenbud WorkGroup All rights reserved.
REM ###################################################################*/
?>
```

　③ 创建 ChkBadWord 自定义函数，输入如下代码：

```
<?
/*REM ############################################################### REM
REM 函数名称：ChkBadWord
REM 函数功能：检查字符串中是否包含敏感字词，有返回True，无返回False
REM 函数格式：ChkBadWord($strExpression)
REM 其中：
REM $strExpression：必选参数，有效的字符串表达式
REM ###############################################################*/
Function ChkBadWord($strExpression)
{
    $strBadWords="非法|示威游行|迷信|暴力|低俗";
    //按分隔符将$strBadWord分割成多个子字符串保存到$aBadWord数组中
    $aBadWord=explode("|",$strBadWords);
    foreach($aBadWord as $value)
    {
        if(stripos($strExpression,$value)>0)
        {
            return true;
        }
    }
    return false;
```

```
    }
    ?>
```

④ 保存并上传"i_myedu123_function.php"文件。

知识拓展

拓展 1 自定义函数

在 PHP 中，自定义函数的方法同其他编程语言几乎一样，PHP 申明函数的语法如下：

```
Function function_name($argument1,$argument2,$argument3,......$argumentn)
{
Codes函数代码
Return  返回值;
}
```

其中，

Function：申明用户自定义函数的关键字。

function_name：要创建的函数名称，该名称将在以后被调用时使用，函数名应该具有唯一性，在命名函数时需要遵循变量命名相同的原则，但函数名不能以$开头。

argument：参数，即要传递给函数的值，一个函数可以没有参数，也可以有多个参数，参数之间用逗号分隔。

Codes：是在函数被调用时执行的一段代码。

Return：返回函数的值并结束函数的运行，任何类型都可以返回。

拓展 2 foreach 语句

foreach 语法结构提供了遍历数组的简单方式。foreach 仅能够应用于数组和对象，如果尝试应用于其他数据类型的变量，或者未初始化的变量将发出错误信息。

语法：

```
foreach (array_expression as $value)
{
statement
}
```

其中，

array_expression：给定的数组，工作流程为从该数组的第一个元素开始到最后一个元素结束，每一次循环开始将当前元素的值赋给$value 变量。

statement：执行的语句。

我们将在稍后的章节中学到更多有关数组的知识。

拓展 3 explode 函数

explode 函数把字符串分割为数组。该函数返回由字符串组成的数组，其中的每个元素都是由 separator 作为边界点分割出来的子字符串。

函数格式：**explode(separator,string,limit)**

其中，

separator：必需。分割字符。

　　string：必需。欲分割的字符串。

　　limit：可选。规定所返回的数组元素的最大数目。

　　注：separator 参数不能是空字符串。如果 separator 为空字符串（""），但可以用空格，explode() 将返回 False。如果 separator 所包含的值在 string 中找不到，那么 explode() 将返回包含 string 中单个元素的数组。

　　例如：

```
<?
$str = "Hello world. It's a beautiful day.";
echo (explode(" ",$str)); //按空格分割字符
?>
```

　　输出：

```
Array
(
[0] => Hello
[1] => world.
[2] => It's
[3] => a
[4] => beautiful
[5] => day.
)
```

拓展 4 | stripos 函数

　　stripos 函数返回字符串在另一个字符串中第一次出现的位置。如果没有找到该字符串，则返回 False。

　　函数格式：**stripos(string,find,start)**

　　其中，

　　string：必需。规定被搜索的字符串。

　　find：必需。规定要查找的字符。

　　start：可选。规定开始搜索的位置。string 为有效的字符串表达式。

　　注：该函数对大小写不敏感即不区分大小写。如需进行对大小写敏感的搜索，请使用 strpos() 函数，函数格式：**strpos(string,find,start)**，除了对大小写敏感外其他同 stripos 函数。

5.2　新建"添加评论信息"程序页面

案例综述

　　图文信息页面和资源下载页面均允许客户对相关信息发布评论信息，添加评论信息涉及的字段有评论 ID、评论对象 ID、评论对象所属类别 ID、用户名（昵称）、星级、评论内容、评论员 IP、发布时间，其中评论对象 ID、评论对象所属类别 ID、用户名（昵称）、星级和评论内容由上一级页面通过表单 POST 提供，评论员 IP 和发布时间则由程序自动检测获得。评论信息添加的程序流程如图 5-1 所示。

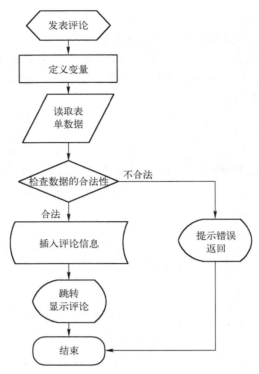

图 5-1　评论信息添加的程序流程

本任务完成评论信息添加程序页面"**comment_add.php**"。

操作步骤

① 使用 Dreamweaver 软件新建一个 PHP 文件。

② 输入文件头注释：

```
<?
/*REM ####################################################################
REM File Name:        comment_add.php
REM Created By:       Greenbud.Chen    2014-09-04建立源文件
REM Description:      评论信息添加
REM Include Files: i_myedu123_connectionstring.php,i_myedu123_function.php
REM Project:         我的教育网
REM Version:         v1.00
REM Copyright (c) 2014 Greenbud WorkGroup All rights reserved.
REM ####################################################################*/
?>
```

③ 在随后的行中输入两个包含文件，代码如下。

```
<?
include "../inc/i_myedu123_connectionstring.php";
include "../inc/i_myedu123_function.php";
?>
```

④ 将文件保存至"codes"文件夹中,文件命名为"comment_add.php"。

⑤ 读取表单数据。

```
<?
//获取客户端浏览器传递给服务器的表单数据
$strCheckCode=Trim($_POST("ftxt_CheckCode"));
$strObjectID=$_POST("ftxt_ObjectID");
$strCatID=Trim($_POST("ftxt_CatID"));
$strUserName=Trim($_POST("ftxt_UserName"));
$strStars=$_POST("frdo_Score");
$strContent=$_POST("ftxt_content");
```

⑥ 检查表单数据的合法性。

```
$strErrMsg=""; //初始化错误信息提示变量为空
//检查验证码
$strErrMsg=$strErrMsg.($strCheckCode==$_SESSION["CheckCode"]?"":"验证码输入错误!");
$strErrMsg=$strErrMsg.(is_numeric($strObjectID)?"":"评论对象ID错误!"); //检查strObjectID
$strErrMsg=$strErrMsg.(is_numeric($strCatID)?"":"类别ID错误!"); //检查strCatID
$strErrMsg=$strErrMsg.($strUserName==""?"请输入您的昵称!":""); //检查用户昵称
$strErrMsg=$strErrMsg.($strStars>5 or $strStars<1?"评分信息错误!":""); //检查评分
//检查评论内容是否超过5个汉字
$strErrMsg=$strErrMsg.(strlen($strContent)<10?"请输入评论内容!":"");
//检查评论内容是否含不雅字词
$strErrMsg=$strErrMsg.(ChkBadWord($strContent)?"评论内容存在不雅字词!":"");
if($strErrMsg<>"") //表单数据存在不合法,则提示错误并结束程序
{
  die("<Script language='JavaScript'>window.alert(".$strErrMsg.");window.close();</Script>");
}
```

⑦ 插入评论信息到数据库。

```
//插入评论信息到数据库
$_SESSION["CheckCode"]=""; //删除验证码信息,防止重复提交
$strIP=$_SERVER["REMOTE_ADDR"];
$pdo =new PDO($strDSN, $strDBName, $strDBPWD);
$strSQL="insert into comment (ObjectID,CatID,UserName,IP,WriteTime,Stars,Content)".
  " values (".
"'{$strObjectID}','{$strCatID}','{$strUserName}','{$strIP}',Now(),{$nStars},'{$strContent}')";
$nCount = $pdo->exec($strSQL);
if($nCount>0)
{
  die("<Script language='JavaScript'>window.alert('恭喜您评论发布成功, ".
"正在审核中……');window.close();</Script>");
}else{
  die("<Script language='JavaScript'>window.alert('插入数据库失败! ');window.close();</Script>");
}
```

⑧ 保存并上传文件。

⑨ 在浏览器中打开图文信息页面或资源信息页面,发表评论。

如果代码正常,在发表评论提交后会发现总是出现"验证码输入错误!"的错误提示信息,尽管输入一切正常。原因是验证码需要用到 PHP 的 Session 功能,开启 PHP 的 Session 的命令为 session_start();,为了编程方便,通常这个命令会放在数据库连接字符串文件中。

知识拓展

拓展 1 | $_SERVER

$_SERVER 是一个包含了诸如头信息（header）、路径（path）、以及脚本位置（script locations）等信息的数组。这个数组中的项目由 Web 服务器创建。不能保证每个服务器都提供全部项目；服务器可能会忽略一些，或者提供一些没有在这里列举出来的项目。

以下列出了所有$_SERVER 变量中的重要元素：

元素/代码	描　　述
$_SERVER['PHP_SELF']	当前执行脚本的文件名，与 document root 有关
$_SERVER['GATEWAY_INTERFACE']	服务器使用的 CGI 规范的版本
$_SERVER['SERVER_ADDR']	当前运行脚本所在的服务器的 IP 地址
$_SERVER['SERVER_NAME']	当前运行脚本所在的服务器的主机名。如果脚本运行于虚拟主机中，该名称是由那个虚拟主机所设置的值决定
$_SERVER['SERVER_SOFTWARE']	服务器标识字符串，在响应请求时的头信息中给出
$_SERVER['SERVER_PROTOCOL']	请求页面时通信协议的名称和版本
$_SERVER['REQUEST_METHOD']	访问页面使用的请求方法
$_SERVER['REQUEST_TIME']	请求开始时的时间戳。从 PHP 5.1.0 起可用
$_SERVER['QUERY_STRING']	query string（查询字符串），如果有的话，通过它进行页面访问
$_SERVER['HTTP_ACCEPT']	当前请求头中 Accept: 项的内容，如果存在的话
$_SERVER['HTTP_ACCEPT_CHARSET']	当前请求头中 Accept-Charset: 项的内容，如果存在的话
$_SERVER['HTTP_HOST']	当前请求头中 Host: 项的内容，如果存在的话
$_SERVER['HTTP_REFERER']	引导用户代理到当前页的前一页的地址（如果存在）。由 user agent 设置决定。并不是所有的用户代理都会设置该项，有的还提供了修改 HTTP_REFERER 的功能。简言之，该值并不可信
$_SERVER['HTTPS']	如果脚本是通过 HTTPS 协议被访问，则被设为一个非空的值
$_SERVER['REMOTE_ADDR']	浏览当前页面的用户的 IP 地址
$_SERVER['REMOTE_HOST']	浏览当前页面的用户的主机名。DNS 反向解析不依赖于用户的 REMOTE_ADDR
$_SERVER['REMOTE_PORT']	用户机器上连接到 Web 服务器所使用的端口号
$_SERVER['SCRIPT_FILENAME']	当前执行脚本的绝对路径
$_SERVER['SERVER_ADMIN']	该值指明了 Apache 服务器配置文件中的 SERVER_ADMIN 参数。如果脚本运行在一个虚拟主机上，则该值是那个虚拟主机的值
$_SERVER['SERVER_PORT']	Web 服务器使用的端口。默认值为 "80"。如果使用 SSL 安全连接，则这个值为用户设置的 HTTP 端口
$_SERVER['SERVER_SIGNATURE']	包含了服务器版本和虚拟主机名的字符串
$_SERVER['PATH_TRANSLATED']	当前脚本所在文件系统（非文档根目录）的基本路径。这是在服务器进行虚拟到真实路径的映像后的结果

续表

元素/代码	描　　述
$_SERVER['SCRIPT_NAME']	包含当前脚本的路径。这在页面需要指向自己时非常有用。__FILE__常量包含当前脚本(例如包含文件)的完整路径和文件名
$_SERVER["DOCUMENT_ROOT"]	站点根目录
$_SERVER['SCRIPT_URI']	URI 用来指定要访问的页面。例如 "/index.html"

拓展 2 ‖ PDO 中使用 exec()方法执行 SQL 语句

exec()方法返回执行后受影响的行数。

语法格式：**$pdo->exec(statement);**

其中，statement 是要执行的 SQL 语句。该方法返回执行查询时受影响的行数，通常用于 insert、delete 和 update 语句中。exec()方法不能用于 select 查询。

拓展 3 ‖ 验证码

验证码是为了防止用户利用机器人自动注册、登录、发表评论等功能而推出的一种技术，该技术将一串随机产生的数字或符号生成一幅图片，图片里加上一些干扰像素（防止 OCR），由用户肉眼识别其中的验证码信息，输入表单提交网站验证，验证成功后才能使用某项功能。

本系统使用的验证码生成程序是 checkcode.php 文件，位于"inc"文件夹中。

验证码的调用方法为：

```
<img src="../inc/checkcode.php" onclick="this.src='../inc/checkcode.php?dumy=' +
Math.random()" title="点击刷新验证码"　align="absmiddle"/>
```

验证码的校验方法为：

```
If (用户输入值==$_SESSION["CheckCode"])
{
    正确
}else{
    不正确
}
```

⚠ 注意 ●━━

使用验证码需要开启 PHP 的 Session 功能。

拓展 4 ‖ 提示对话框

PHP 没有提供客户端对话框命令，所以通常通过使用 JavaScript 的"window.alert"来实现。例如： echo "<Script language='JavaScript'>window.alert(".$strErrMsg."); </Script>"，其中"$strErrMsg"为 PHP 字符串变量。

5.3　用户登录与验证

■**案例综述**

用户登录与验证包括用户登录表单界面、用户登录验证程序和用户分级管理三个部分。其中，用户登录表单界面如图 5-2 所示，用户分级管理界面如图 5-3 所示，二者为同一段程序。用户登录验证程序通常为一个纯 PHP 文件，程序流程如图 5-4 所示。

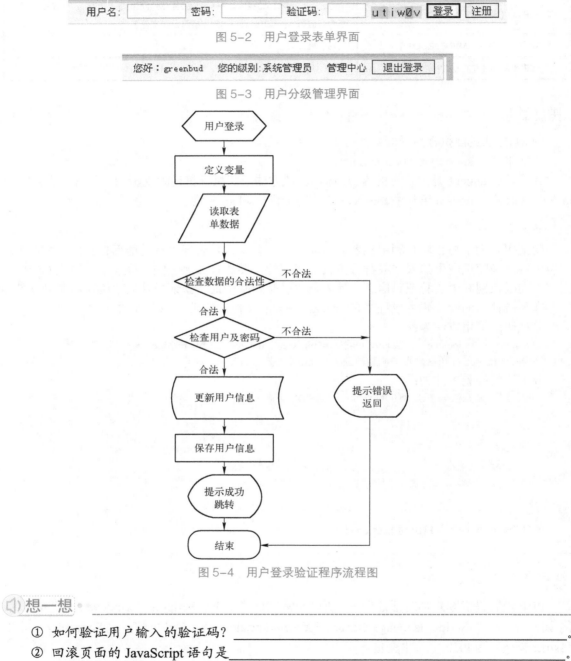

图 5-2　用户登录表单界面

图 5-3　用户分级管理界面

图 5-4　用户登录验证程序流程图

🔊 想一想

① 如何验证用户输入的验证码？＿＿＿＿＿＿＿＿＿＿＿＿＿＿＿＿＿＿＿＿＿＿＿。

② 回滚页面的 JavaScript 语句是＿＿＿＿＿＿＿＿＿＿＿＿＿＿＿＿＿＿＿＿＿＿。

③ HTML 跳转页面的语句是＿＿＿＿＿＿＿＿＿＿＿＿＿＿＿＿＿＿＿＿＿＿＿＿。

操作步骤

① 打开"inc/i_myedu123_head.php"。

② 修改注释，在"REM Description: 网页头部文件"前输入一行"REM Created By: Greenbud.Chen 2014-09-05 用户登录与分级管理"。

③ 将代码"<form name="user_login" …</form>"修改为如下所示。

```
<? if($_SESSION["_strUserName"]=="") { //如果用户没有登录，则显示登录表单界面，否则显示分级
管理界面 ?>
    <form name="user_login" method="post" action="user_login.php">
    <input type="hidden" name="fhid_BackUrl" value="index.php"/>
      <span>用户名:</span>
      <input name="ftxt_UserName" type="text" size="10" value="<?=$_COOKIE["_strUserName"]?>"/>
      <span>密码:</span>
      <input name="fpwd_PassWord" type="password" size="10"/>
      <span>验证码:</span>
      <input name="ftxt_CheckCode" type="text" size="6" autocomplete="off"/>
      <img style="padding:0;margin:0;border:none;" src="../inc/checkcode.php"
onClick="this.src='../inc/checkcode.php?dumy=' + Math.random()" title="点击刷新验证码"  align="absmiddle"/>
      <input name="fsmt_Login" type="submit" class="btn" value="登录"/>
      <input name="fbtn_Register" type="button" class="btn" value="注册"
onclick="window.open('register.php')"/>
    </form>
    <? }else{ ?>
    <form name="user_logout" method="post" action="user_logout.php">
    <input type="hidden" name="fhid_BackUrl" value="index.php"/>
    您好：<?=$_SESSION["_strUserName"]?>  
    您的级别:<?=$_SESSION["_strUserCat"]?>  
    <?
    if($_SESSION["_nPurview"]>0) //如果是会员及以上级别，则显示进入管理中心链接
    {
        echo "<a href='../manager/default.htm'>管理中心</a>";
    }
    ?>
      <input name="fbtn_Logout" type="submit" class="btn" value="退出登录"/>
    </form>
    <? } ?>
```

④ 保存并上传"i_myedu123_head.php"文件。

⑤ 新建"PHP"页面，并选择"代码视图"格式。

⑥ 输入如下文件头注释。

```
<?
/*REM #######################################################################
REM File Name: user_login.php
REM Created By: Greenbud.Chen  2014-09-05建立源文件
```

```
REM Description:        用户登录验证
REM Include Files:      i_myedu123_head.php、i_myedu123_bottom.php
                        i_myedu123_connectionstring.php
REM Project:            我的教育网
REM Version:            v1.00
REM Copyright (c) 2014 Greenbud WorkGroup All rights reserved.
REM ############################################################################*/
?>
```

⑦ 在随后的行中输入数据库连接字符串包含文件 " <? include "../inc/i_myedu123_connectionstring.php"; ?>"。

⑧ 将文件保存至 "codes" 文件夹中，文件命名为 "user_login.php"。

⑨ 读取表单数据。

```
<?
$strCheckCode=trim($_POST["ftxt_CheckCode"]);
$strUserName=trim($_POST["ftxt_UserName"]);
$strPassWord=trim($_POST["fpwd_PassWord"]);
$strBackUrl=trim($_POST["fhid_BackUrl"]);
```

⑩ 检查表单数据的合法性。

```
//检查表单数据合法性
$strErrMsg=""; //初始化错误信息提示变量为空
$strErrMsg=$strErrMsg.($strCheckCode==$_SESSION["CheckCode"]?"":"验证码输入错误!");
$strErrMsg=$strErrMsg.($strUserName==""?"用户名不能为空!":"");
$strErrMsg=$strErrMsg.(strlen($strBackUrl)<5?"非法调用!":""); //检查跳转网址
if($strErrMsg<>"") //表单数据存在不合法，则提示错误并回滚到调用页
{
   die("<Script language='JavaScript'>window.alert(".$strErrMsg.");history.back(-1);</Script>");
}
```

⑪ 检验用户合法性。

```
//检验用户合法性
$_SESSION["_strUserName"]=""; //清空用户名
$_SESSION["CheckCode"]=""; //删除验证码信息，防止重复提交
$pdo =new PDO($strDSN, $strDBName, $strDBPWD);
$strSQL="select * from ViewUsers where UserName='{$strUserName}' and Password='{$strPassWord}'";
echo $strSQL;
$rst=$pdo->query($strSQL);
if(!$rstUser=$rst->fetch())
{
   die("<Script language='JavaScript'>window.alert('用户不存在或密码错！');history.back(-1);</Script>");
}
$_SESSION["_nUserID"]=$rstUser["UserID"];
$_SESSION["_strUserName"]=$rstUser["UserName"];
$_SESSION["_nPurview"]=$rstUser["Purview"];
$_SESSION["_strUserCat"]=$rstUser["UserCat"];
```

```
//设置用户名在客户端保留31天
setcookie("_strUserName",$rstUser["UserName"], time()+3600*24*31);
```

⑫ 更新用户表有关信息，并跳转到指定页面。

```
//更新用户表有关信息
$strIP=$_SERVER["REMOTE_ADDR"];
$strSQL= "update Users set LastLoginIP='{$strIP}',LastLoginTime=Now(),LoginTimes=LoginTimes+1
where UserName='{$strUserName}'";
$nCount = $pdo->exec($strSQL);
header("location: ".$strBackUrl); //跳转至strBackUrl所指向的页面
```

\# 保存并上传文件。

\$ 打开 inc 文件夹中的 i_myedu123_connectionstring.php 文件，输入以下代码：

```
$lifeTime = 1 * 3600; //设置Session失效时间为1小时
session_set_cookie_params($lifeTime);
session_start();
```

% 保存并上传文件。

^ 打开首页进行登录测试（普通会员：用户名为 Demo1，密码为 12356；管理员：用户名为 Demo81，密码为 123456）。

知识拓展

拓展 1 cookie

cookie 常用于识别用户，cookie 是服务器留在用户计算机中的小文件，每当相同的计算机通过浏览器请求页面时，它同时会发送 cookie。

PHP cookie 流程是，当客户访问某个基于 PHP 技术的网站时，在 PHP 中可以使用 setcookie 函数生成一个 cookie，系统经处理把这个 cookie 发送到客户端并保存在 C:\Documents and Settings\用户名\Cookies 目录下。cookie 是 HTTP 标头的一部分，因此 setcookie 函数必须在任何内容送到浏览器之前调用。当客户再次访问该网站时，浏览器会自动把 C:\Documents and Settings\用户名\Cookies 目录下与该站点对应的 cookie 发送到服务器，服务器则把从客户端传来的 cookie 自动转化成一个 PHP 变量。在 PHP5 中，客户端发来的 cookie 将被转换成全局变量。可以通过 $_COOKIE['xxx'] 读取。

尽管今天仍有一些网络用户对于 Cookie 存有争论，但是对于绝大多数的网络用户来说还是倾向于接受 cookie 的。因此，可以放心使用 cookie 技术。

PHP 提供了一套完整的创建并取回 cookie 值的方案。

（1）设置 cookie

setcookie 函数用于创建 cookie，其命令语法为

setcookie(name,value,expire,path,domain,secure)

其中，

name：必选，cookie 的名称。

value：必选，cookie 的值。

expire：可选，cookie 的有效期。

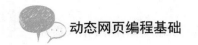

path: 可选，cookie 的服务器路径。

domain: 可选，规定 cookie 的域名。

secure: 可选，规定是否通过安全的 HTTPS 连接来传输 cookie。

注意

setcookie()函数必须位于<html>标签之前。

例如：

setcookie("_strUserName",$rstUser["UserName"])，创建了名称为"_strUserName"的 cookie 变量，并将用户名赋值给了该变量该；

setcookie("_strUserName",$rstUser["UserName"], time()+3600*24)，创建了名称为"_strUserName"、值为$rstUser["UserName"]的 cookie 变量，并设定该变量在 24 小时候后过期失效。

（2）使用 cookie

可以通过$HTTP_COOKIE_VARS["_strUserName"]或$_COOKIE["_strUserName"] 来访问名为"_strUserName" 的 cookie 的值。

注意

$_COOKIE 和$HTTP_COOKIE_VARS 中的关键字必须是大写。

前面学过的 isset 函数可以用来检测是否已设置了某个 cookie，例如：

isset($_COOKIE["_strUserName "]);

（3）删除 cookie

调用只带有 name 参数的 setcookie 即可删除该名称的 cookie，例如：

setcookie("_strUserName");

也可以给某个 cookie 设置一个过期的时间来删除该 cooki，例如：

setcookie("_strUserName","", time()-1);

要注意的是，当一个 cookie 被删除时，它的值在当前页内仍然有效。

注意

① 一般一个浏览器能创建的 cookie 数量最多为 30 个，并且每个不能超过 4KB，每个 Web 站点能设置的 cookie 总数不能超过 20 个。

② cookie 的使用受到用户浏览器的限定，当用户浏览器关闭接受 cookie 时，cookie 将不可用。

③ 由于客户端 cookie 中的信息可以在本地进行编辑和修改，安全性较低，安全级别较高的信息建议改用 session 来保存。

拓展 2 session

session 变量用于存储某个用户会话（session）信息，这些变量为单一用户所有，不同用户间的 session 变量相互独立，这些信息对于站点中的所有页面都是可用的。通常利用 session 变量来保存在页面间传递的用户名、权限、ID 及其他参数等信息。服务器将为每位新用户创建一个新的 session 变量，并在 session 到期后撤销这些变量。

与 cookie 不同，session 是存储在服务器端的变量，相对安全，并且不像 cookie 那样有存储长度的限制。PHP session 以文本文件形式存储在服务器端，PHP 会自动修改 session 文件的权限，只保留系统读和写权限，用户无法通过 FTP 对该文件进行修改，所以安全性很高。

session 的工作机制是：为每个访问者创建一个唯一的 id（UID），并基于这个 UID 来存储变量。UID 存储在 cookie 中，通过 URL 进行传递。

PHP 提供了一套完整的创建并取回 session 的方案。

（1）开始 PHP session

在使用 PHP session 之前，首先必须先启动 session 会话，具体步骤如下：

```
session_set_cookie_params($lifeTime);
session_start();
```

其中，session_set_cookie_params 函数用于设置 session 的生存期，即有效时间，参数$lifeTime 为具体的时长，单位为秒，默认值为 0，表示当用户关闭浏览器后 session 失效。

例如，某网站要求 session 保留时间为 1 天，即 24 小时，则 session 开始代码如下：

```
$lifeTime =24 * 3600;
session_set_cookie_params($lifeTime);
session_start();
```

该函数必须位于<html> 标签之前。

（2）存储 session 变量

$_SESSION 用于存储和取回 session 变量，例如：

```
$_SESSION["_nUserID"]=$rstUser["UserID"]; //存储
echo $_SESSION["_nUserID"]; //取回
```

（3）删除 session 变量

删除指定的 session 变量，可以用 unset()函数，例如：

```
unsettling(["_nUserID"]);
```

删除所有的 session 变量，可以用 session_destroy()函数。

通常在用户退出操作时调用 session_destroy()函数。

拓展 3 | PHP 页面跳转

在 PHP 中用 header 函数来实现页面跳转功能，具体格式为：header("location:url.php")，其中，url.php 为欲跳转的 URL。例如：header("location:../index.htm");。

使用 header 函数进行跳转时要注意以下几点：

① location 和 ":" 号间不能有空格。

② 在用 header 前不能有任何的输出。

③ header 后的 PHP 代码还会被执行。

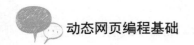

做一做

① 根据如图 5-5 所示的流程图，写出完整的"用户退出"程序，文件名为"user_logout.php"，保存位置为"codes"文件夹，并上机调试。

图 5-5 "用户退出"程序流程图

② 利用 header("location:url.php")函数改写资源下载程序（download.php）中的跳转语句，并上机调试。

5.4 网站调查

■案例综述

网站调查包括网站调查信息显示界面、投票和结果信息显示程序三个部分。其中，网站调查信息显示界面如图 5-6 所示；投票和结果信息显示程序包含在"vote.php"文件中，它们的程序流程如图 5-7 所示。

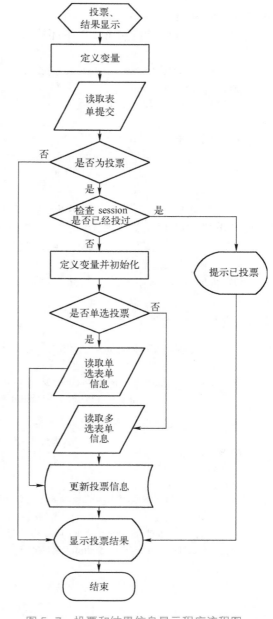

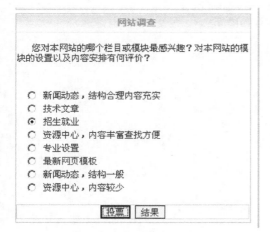

图 5-6　网站调查显示界面　　　图 5-7　投票和结果信息显示程序流程图

🔊 想一想

JavaScript 中数组的定义与赋值是＿＿＿＿＿＿＿＿＿＿＿＿＿＿＿＿＿＿＿＿＿。

操作步骤

① 打开 "codes/index.php" 文件。

② 修改注释，在 "REM Description: 网站首页" 前输入一行 "REM Modify By:Greenbud.

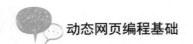

动态网页编程基础

Chen 2014-09-06 增加网站调查"。

③ 在 "<h2>网站调查</h2>" 下面输入以下代码。

```
<?
$strSQL="select * from Vote where Selected";
$rst=$pdo->query($strSQL);
if (!$rstInfo=$rst->fetch())
{
    echo "暂无调查信息";
}else{
?>
```

④ 在 "<form name="vote" method="post" action="vote.php" target="_blank">" 下面输入 "<?
echo $rstInfo["Content"]; ?>" 代码。

⑤ 将 "<li>…</li>" 修改为如下所示代码。

```
<?
if($rstInfo["VoteType"]) //如果是单选，则显示radio，否则显示checkbox
{
    for($i=1;$i<=8;$i++)
    {
            if($rstInfo["Select".$i]<>"") //用表达式实现变量名""Select".i"
            {
                echo "<li><input id='radio".$i."' type='radio' value='".$i.
                    "' name='frdo_score'/>".$rstInfo["Select".$i]."</li>";
            }
    }
}else{
    for($i=1;$i<=8;$i++)
    {
            if($rstInfo["Select".$i]<>"") //用表达式实现变量名""Select".i"
            {
                echo "<li><input name='fchk_score".$i.
    "' type='checkbox' value='1' />".$rstInfo["Select".$i]."</li>";
            }
    }
}
?>
```

⑥ 在 "</form>" 下面输入如下代码。

```
<?
}
?>
```

⑦ 按【F12】键预览网页（单击"否"按钮，不上传相关文件）。
⑧ 新建"PHP"页面，并选择"代码视图"格式。
⑨ 输入如下文件头注释。

096

```
<?
/*REM ################################################################
REM File Name:        vote.php
REM Created By:       Greenbud.Chen   2014-09-06建立源文件
REM Description:      网站调查投票与结果显示
REM Include Files: i_myedu123_connectionstring.php,i_myedu123_function.php
REM Project:         我的教育网
REM Version:         v1.00
REM Copyright (c) 2014 Greenbud WorkGroup All rights reserved.
REM ################################################################*/
?>
```

⑩ 在随后行中输入数据库连接字符串包含文件 "<? include "../inc/i_myedu123_ connection string.php"; ?>"。

⑪ 将 "<title>无标题文档</title>" 修改为 "<title>绿蕾教育-绿蕾工作组【网站调查】</title>"。

⑫ 将文件保存至 "codes" 文件夹，文件命名为 "vote.php"。

⑬ 读取表单值，在 "<head>" 前输入如下代码。

```
<?
$strVote=trim($_POST["fsmt_Vote"]);
```

⑭ 更新投票数据表，在 "<head>" 前输入如下代码。

```
if($strVote=="投票") //如果是投票则更新投票信息
{
 if($_SESSION["VoteState"]=="") //判定用户是否已经投过票
 {
      $_SESSION["VoteState"]="ok"; //设置用户投票标识
      $bVoteType=$_POST["fhid_VoteType"];
      for($i=0;$i<8;$i++)    {$naAnswer[$i]=0; } //初始化投票，数组0-6
      if($bVoteType) //判断投票类型
      {
          //单选
          $nScore=$_POST["frdo_score"];
               $naAnswer[$nScore-1]=1; //将选中的单元设置为1
      }else{
          //复选，读取所有单元的投票结果
          for($i=0;$i<8;$i++)
          {
               if($_POST["fchk_score".$i]=="1")
               {
                    $naAnswer[$i-1]=1;
               }
          }
      }
      //插入投票
      $pdo =new PDO($strDSN, $strDBName, $strDBPWD);
      $strSQL="update Vote set Answer1=Answer1+{$naAnswer[0]},".
```

```
                "Answer2=Answer2+{$naAnswer[1]},Answer3=Answer3+{$naAnswer[0]},".
                "Answer4=Answer4+{$naAnswer[0]},Answer5=Answer5+{$naAnswer[0]},".
                "Answer6=Answer6+{$naAnswer[0]},Answer7=Answer7+{$naAnswer[0]},".
                "Answer8=Answer8+{$naAnswer[0]} where Selected";
        $nCount = $pdo->exec($strSQL);
        if($nCount>0)
        {
                echo "<Script language='JavaScript'>window.alert('投票成功，谢谢参与!');</Script>";
        }else{
                echo "<Script language='JavaScript'>window.alert('投票失败，请重新投票~');</Script>";
        }
    }else{
        echo "<Script language='JavaScript'>window.alert('由于您已投过票，本次投票不记录结果，谢谢
参与!');</Script>";
    }
}
?>
```

⑮ 显示投票结果。在"<body>"下面输入如下代码。

```
<?
$pdo =new PDO($strDSN, $strDBName, $strDBPWD);
$strSQL="select * from Vote where Selected";
$rst=$pdo->query($strSQL);
if($rstInfo=$rst->fetch())
{
  echo "<p>".$rstInfo["Content"]."<br/><b>投票结果：</b></p>";
  for($i=1;$i<=8;$i++)
  {
        echo "<p>".$rstInfo["Select".$i]."-->".$rstInfo["Answer".$i]."</p>";
  }
}else{
  echo "暂无调查结果！";
}
?>
```

⑯ 保存并上传文件。

⑰ 打开首页进行投票测试。

🔊 做一做

① 参照"index.php"网站调查的设计，修改"投票结果显示"信息的输出控制，美化投票结果显示页面，并上机调试。

② 根据图 5-8 所示流程图，将用户注册页面（register.htm）修改为"register.php" PHP 程序，并上机调试。

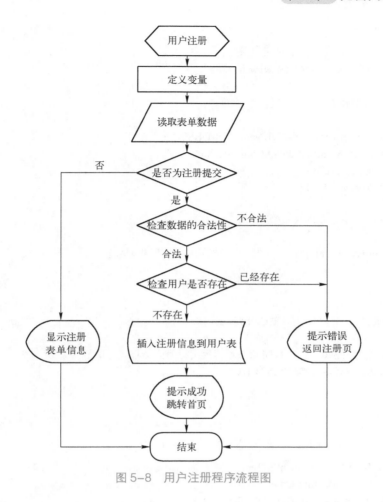

图 5-8　用户注册程序流程图

5.5　网站统计信息

案例综述

网站统计信息显示界面如图 5-9 所示。本任务完成新闻动态（02）、技术文章（03）、招生就业（04）、图片展示（05）、勤工俭学（06）和资源中心（07）6 个栏目的记录数统计，栏目统计信息从数据库的 InfoCnt 视图中读取。

操作步骤

① 打开 "codes/index.php" 文件。

② 修改注释，在 "REM Description: 网站首页" 前输入一行 "REM Modify By：Greenbud.Chen 2014-09-07 网站统计信息显示"。

③ 在 "<h2>网站统计</h2>" 下面输入如下代码。

图 5-9　网站统计信息显示界面

```
<?
//定义数组，6个元素，分别对应6个栏目
for($i=0;$i<=5;$i++) //初始化数组变量
{
    $naInfoCnt[$i]=0;
}
$pdo =new PDO($strDSN, $strDBName, $strDBPWD);
$strSQL = "select VCatID,CatCnt from InfoCnt";
$rst=$pdo->query($strSQL);
while($rstInfo=$rst->fetch())
{
  if(is_numeric($rstInfo["VCatID"]))
  {
        $i=intval($rstInfo["VCatID"]); //将VCatID转换为整型数据
  }else{
        $i=0;
  }
  if($i>=2 and $i<=7) //即为有效CatID范围内
  {
        //数组标号从0开始，新闻动态对应数组标号为0
        $naInfoCnt[$i-2]=$rstInfo["CatCnt"];
  }
}
?>
```

④ 将"<li>…</li>"修改为如下代码。

```
<li>新闻动态：<?=$naInfoCnt[0]?></li>
<li>技术文章：<?=$naInfoCnt[1]?></li>
<li>招生就业：<?=$naInfoCnt[2]?></li>
<li>图片展示：<?=$naInfoCnt[3]?></li>
<li>勤工俭学：<?=$naInfoCnt[4]?></li>
<li>资源中心：<?=$naInfoCnt[5]?></li>
```

⑤ 按【F12】键预览网页，观察相关统计信息是否有变化。

知识拓展

拓展 1 数组变量

数组变量可实现将单一的变量赋于多个值，在 PHP 中声明数组的方式主要有两种：
① 用 **array()**函数声明数组，例如：$saCars =array("Volvo","BMW","SAAB");
② 直接为数组元素赋值，例如：$saCars[0]="Volvo";$saCars[1]="BMW";
数组的下标用一对方括号"[]"包含，默认以 0 开始，通过使用特定数组元素的下标，可存取任何元素的值。例如，$saInfoCnt[2]=0; echo $saInfoCnt[2];
count()函数可用于返回数组的长度即数组元素数量，使用该函数结合 for 语句即可实现对数组的遍历操作，例如：

```
<?
$saCars=array("Volvo","BMW","SAAB");
```

```
$nArrLen=count($saCars); //得到数组元素数量
for($i=0;$i<$nArrLen;$i++)
{
    echo $saCars[$i];
    echo "<br>";
}
?>
也可以直接foreach语句遍历数组，例如：
<?
$saCars=array("Volvo","BMW","SAAB");
foreach($saCars as $value)
{
    echo $value;
    echo "<br>";
}
?>
```

做一做

根据图 5-10 所示流程图，将友情链接页面（friendsite.htm）修改为 "friendsite.php" PHP 程序，并上机调试。

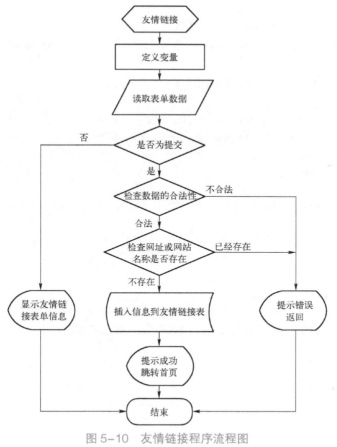

图 5-10　友情链接程序流程图

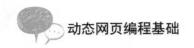

5.6 广告信息显示

案例综述

整个网站的广告位有页头 i_myedu123_head.php（Head01）一个、首页 Index.php（Index01-Index03）三个、信息列表页（list01）一个、搜索页 search.php（Search01）一个、图文信息页 art_info.php（ArtInfo01-ArtInfo03）三个、资源信息页 res_info.php（ResInfo01-ResInfo06）六个。

广告信息显示程序段完成从 ViewAD 视图中读取指定广告的信息，将广告代码显示到相应的广告位上。本任务完成页头 Head01 广告信息的显示，如图 5-11 所示。

图 5-11　Head01 广告信息

操作步骤

① 打开"inc/i_myedu123_head.php"文件。

② 修改注释，在"REM Description:网站首页"前输入一行"REM Modify By:Greenbud.Chen 2014-09-07 广告显示"。

③ 找到"广告位:Head01"，将代码修改为如下所示。

```php
<?
$pdo =new PDO($strDSN, $strDBName, $strDBPWD);
$strSQL="select * from ViewAD where LocationID='Head01'";
$rst=$pdo->query($strSQL);
if($rstHead =$rst->fetch())
{
   echo $rstHead["Content"];
}
?>
```

④ 保存并上传文件。

做一做

完成其他广告信息的显示，写出完整的 PHP 代码并上机调试。

102

本章小结

知识与技能	学 习 情 况		
	掌握（理解）	基本掌握（理解）	未掌握（理解）
PHP 过滤垃圾信息的方法			
自定义函数及应用			
PHP 数组及应用			
foreach 语句及应用			
字符串分割函数及应用			
字符串搜索函数及应用			
获取服务器信息函数及应用			
验证码及验证程序的使用			
用户登录与验证的一般方法			
PHP 表单参数的获取方法			
PHP 的 session 和 cookies 及应用			
PHP 页面跳转命令及应用			
PHP 中用表达式实现变量名的方法及应用			
使用 PHP 向数据库添加数据的实现方法			

第 6 章

后台程序设计与 MySQL 数据库

　　网站后台管理系统主要是用于对网站前台的信息管理, 如文字、图片、影音和其他日常使用文件的发布、更新、删除等操作, 同时也包括会员信息、订单信息、访客信息的统计和管理。简单来说就是对网站数据库和文件的快速操作, 以使得前台内容能够得到及时更新和调整。

　　本章将以"绿蕾教育网"为范例, 介绍动态网站后台程序的基本架构及代码实现。最后简述了 MySQL 与 Access 的区别, 并完成使用 MySQL 后对程序代码的修改任务。

本章重点

- FCKEditor 在线编辑器在 PHP 中的应用
- 获取表单数据、校验及错误提示的方法
- 用 Session 变量传递参数的方法
- 信息编辑 (添加与修改) 程序的设计方法
- 信息处理程序的设计方法
- 输入和替换数据表记录的方法
- 同一页面同一参数不同时期分别从表单和 URL 获取的方法
- PHP 和 JavaScript 之间分别调用的技巧
- 同一页面实现筛选条件设置和分页列表的方法
- 权限管理及控制的实现
- 使用 MySQL 数据库后对程序代码的修改
- MySQL 分页技术

6.1　修改后台首页及相关文件

案例综述

　　后台首页及相关文件包括以下部分。

default.htm: 起始页，一般为一条页面跳转语句，资源包中已经设计完成；

manager_index.htm: 管理首页，为一个上、左、右三个部分的框架结构的网页文件；

manager_top.htm: 管理首页框架的上部网页文件；

manager_left.htm: 管理首页框架的左部网页文件；

manager_main.htm: 管理首页框架的右部网页文件。

本任务完成上述页面文件的修改。

操作步骤

（1）新建 **manager_top.php**

① 新建"PHP"页面，并选择"代码"视图格式。

② 删除"<head>"及以下代码。

③ 输入如下文件头注释。

```
<?
/*REM ##################################################################################
REM File Name: manager_top.php
REM Created By:        Greenbud.Chen   2014-09-10建立源文件
REM Description:       管理首页框架之上部网页文件
REM Include Files:     i_myedu123_connectionstring.php
REM Project:           我的教育网
REM Version:           v1.00
REM Copyright (c) 2014 Greenbud WorkGroup All rights reserved.
REM ##################################################################################*/
?>
```

④ 在随后的行中输入数据库连接字符串包含文件"<? include "../inc/i_myedu123_connectionstring.php"; ?>"。

⑤ 将文件保存至"manager"文件夹，并命名为"manager_top.php"。

⑥ 打开资源包"manager"文件夹中的"manager_top.htm"文件，复制"<head>"及以下代码至"manager_top.php"底部。

⑦ 将"<div id="topmenu">"至"</div>"间的代码修改为如下所示。

```
您好：<?=$_SESSION["_strUserName"]?>  
您的级别:<?=$_SESSION["_strUserCat"]?>  
<img src="../images/folder2.gif" /> 
<a href="../" target="_top">网站首页</a>
<img src="../images/folder2.gif" /> 
<a href="manager_main.htm" target="mainFrame">管理首页</a>
<img src="../images/folder2.gif" /> 
<a href="users_edit.php?Opt=2&UserID=<?=$_SESSION["_nUserID"]?>" target="mainFrame">修改用户
信息</a>
<img src="../images/folder2.gif" /> 
  <a href="">退出系统</a>  
```

⑧ 保存并上传文件。

（2）新建 manager_main.php

① 新建"PHP"页面，并选择"代码"视图模式。

② 删除"<head>"及以下代码。

③ 输入如下文件头注释。

```
<?
/*REM ####################################################################
REM File Name: manager_main.php
REM Created By:        Greenbud.Chen   2014-09-10建立源文件
REM Description:       管理首页框架之右部网页文件
REM Include Files:     i_myedu123_connectionstring.php
REM Project:           我的教育网
REM Version:           v1.00
REM Copyright (c) 2014 Greenbud WorkGroup All rights reserved.
REM ####################################################################*/
?>
```

④ 在随后的行中输入数据库连接字符串包含文件"<? include "../inc/i_myedu123_ connectionstring.php"; ?>"。

⑤ 将文件保存至"manager"文件夹，并命名为"manager_main.php"。

⑥ 打开资源包"manager"文件夹中的"manager_main.htm"文件，复制"<head>"及以下代码至"manager_main.php"底部。

⑦ 将服务器时间"2008-3-14 14:06:15"修改为"<?=date("Y-m-d H:i:s")?>"。

⑧ 将服务器类型"Microsoft-IIS/6.0[IP:222.222.50.153]"修改为"<?=$_SERVER['SERVER_SOFTWARE']?> [<?=$_SERVER['SERVER_ADDR']?>]"。

⑨ 将站点物理路径"D:\internet.web\myedu123\"修改为"<?=$_SERVER["DOCUMENT_ROOT"]?>"。

⑩ 保存并上传文件。

（3）修改 manager_left.htm

① 打开资源包"manager"文件夹中的"manager_left.htm"文件，并选择"代码"视图模式。

② 在"REM Description:"前输入文件头注释"REM Modify By:Greenbud.Chen2014-09-10修改链接"。

③ 单击"编辑"菜单中的"查找和替换"选项，或按【Ctrl+F】组合键，打开"查找和替换"对话框。

④ 在查找框中输入".htm"，替换框中输入".php"。

⑤ 单击"全部替换"按钮。

⑥ 将文件另存到网站的"manager"文件夹中，上传文件。

（4）新建 logout.php

① 新建"PHP"页面，并选择"代码"视图模式。

② 删除"<head>"及以下代码。

③ 输入如下文件头注释：

```
<?
/*REM #####################################################################
REM File Name: logout.php
REM Created By:          Greenbud.Chen   2014-09-10建立源文件
REM Description:         用户退出
REM Include Files:       i_myedu123_connectionstring.php
REM Project:             我的教育网
REM Version:             v1.00
REM Copyright (c) 2014 Greenbud WorkGroup All rights reserved.
REM #####################################################################*/
?>
```

④ 在随后的行中输入数据库连接字符串包含文件 "<? include "../inc/i_myedu123
_connectionstring.php"; ?>"。

⑤ 输入如下代码。

```
<?
//检查用户是否处于登录状态，即Session未过期
if($_SESSION["_strUserName"]!="") //如果处于登录状态则更新信息
{
 //更新用户表信息
 $pdo =new PDO($strDSN, $strDBName, $strDBPWD);
 $strSQL="update Users set LastLoutTime=Now() where UserName=".
     $_SESSION["strUserName"]."'";
 $nCount = $pdo->exec($strSQL);
}
$_SESSION["_nUserID"]=0;
$_SESSION["_strUserName"]="";
$_SESSION["_nPurview"]=0;
$_SESSION["_strUserCat"]="";
echo "<Script language='JavaScript'>parent.location='../';</Script>"; //跳转到网站首页
?>
```

⑥ 将文件保存到网站的 "manager" 文件夹中，并上传文件。

6.2 图文信息编辑

📃案例综述

图文信息编辑页面完成对图文信息的添加和修改功能，程序流程如图 6-1 所示。
本任务完成图文信息编辑程序页面 "gls_edit.php"。

🔊想一想

① 从表单读取信息的语句是_____。
② PHP 实现的 JavaScript 信息提示框语句是_____。
③ 添加新记录的 SQL 语句是_____。
④ 更新记录的 SQL 语句是_____。

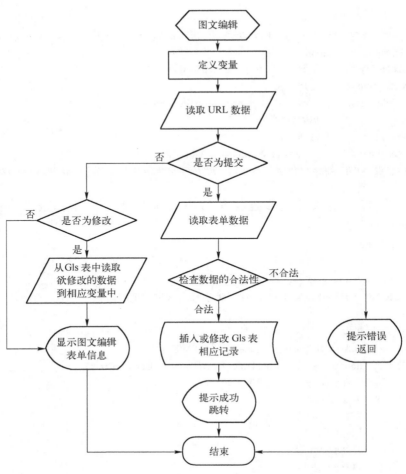

图 6-1 图文信息编辑程序流程图

操作步骤

① 新建"PHP"页面，并选择"代码"视图模式。

② 删除"<head>"及以下所有代码。

③ 输入如下文件头注释。

```
<?
/*REM ##############################################################################
REM File Name: gls_edit.php
REM Created By:        Greenbud.Chen   2014-09-10建立源文件
REM Description:       图文信息编辑页面
REM Include Files:     i_myedu123_connectionstring.php,fckeditor/fckeditor.php
REM Project:          我的教育网
REM Version:          v1.00
REM Copyright (c) 2014 Greenbud WorkGroup All rights reserved.
REM ##############################################################################*/
?>
```

④ 在随后的行中输入数据库连接字符串包含文件 "<? include "../inc/i_myedu123_connectionstring.php"; ?>"。

⑤ 随后输入编辑器包含文件并设置编辑器路径变量，代码如下。

```
<?
include "../fckeditor/fckeditor.php";
$strBasePath = "../FckEditor/"; //设置编辑器路径变量
?>
```

⑥ 将文件保存至 "manager" 文件夹，命名为 "gls_edit.php"。

⑦ 定义变量，读取 URL 传递的数据。

```
<?
//URL参数说明：Opt-操作选项，InfoID-图文ID
//Opt操作选项，0=添加（默认值），1=修改
$nOpt=intval($_REQUEST["Opt"]);
$nInfoID=intval($_REQUEST["InfoID"]);
if($nOpt!=0 and $nOpt!=1) { $nOpt=0; }
//如果nInfoID不为数值，则按添加操作
if($nInfoID<1) { $nOpt=0; }
```

⑧ 判断当前显示是信息录入页面还是保存页面。

```
//如果存在提交，则保存信息
if($_POST["fsmt_Submit"]=="提交")
{
```

⑨ "输入或修改 Gls 表相应记录" 程序段，获取表单数据。

```
//获取表单数据
$strCatID=trim($_POST["fsel_CatID"]);
$strTitle=trim($_POST["ftxt_Title"]);
$strPicUrl=trim($_POST["ftxt_PicUrl"]);
$straKey=trim($_POST["ftxt_aKey"]);
$strAuthor=trim($_POST["ftxt_Author"]);
$strCopyFrom=trim($_POST["ftxt_CopyFrom"]);
$nLevel=$_POST["fsel_Level"];
$nStars=$_POST["fsel_Stars"];
$strBrief=trim($_POST["ftxt_Brief"]);
$bOntop=($_POST["fchk_Ontop"]==true?1:0);
$bElite=($_POST["fchk_Elite"]==true?1:0);
$strContent=$_POST["ftxt_Content"];
$bPassed=($_POST["fchk_Passed"]==true?1:0);
$strEditor=$_SESSION["_strUserName"];
//如果无缩图，则为False
$bIncludePic=($strPicUrl==""?0:1);
//如果审核确认则该用户即为审核员
$steAssessor=$bPassed?$_SESSION["_strUserName"]:"";
```

109

⑩ 检验表单数据的合法性，不合法则回滚上一页。

```php
//检查数据合法性
$strErrMsg=$strErrMsg.($strCatID==""?"请选择栏目名称!":"");
$strErrMsg=$strErrMsg.($strTitle==""?"请输入标题!":"");
$strErrMsg=$strErrMsg.($straKey==""?"请输入关键字!":"");
$strErrMsg=$strErrMsg.(is_numeric($nLevel)?"":"阅读级别无效!");
$strErrMsg=$strErrMsg.(is_numeric($nStars)?"":"星级无效!");
$strErrMsg=$strErrMsg.($strBrief==""?"请输入内容简介!":"");
$strErrMsg=$strErrMsg.($strContent==""?"请输入图文信息!":"");
if($strErrMsg!="")
{
    die("<Script language='JavaScript'>window.alert('".$strErrMsg."');history.back(-1); </Script>");
}
```

⑪ 根据$nOpt 操作数，完成输入或更新 Gls 操作。

```php
//更新Gls表
if($nOpt==0)
{
    //nOpt=0则为添加操作，否则为修改
    $strSQL="insert into Gls (".
        "CatID,[Title],aKey,[Author],CopyFrom,".
        "LevelID,Stars,[Brief],[Content],UpdateTime,".
        "OnTop,Elite,Passed,Editor, IncludePic,".
        "PicUrl,Assessor) values (".
        "'{$strCatID}','{$strTitle}','{$straKey}','{$strAuthor}','{$strCopyFrom}',".
        "{$nLevel},{$nStars},'{$strBrief}','{$strContent}',Now(),".
        "{$bOntop},{$bElite},{$bPassed},'{$strEditor}',{$bIncludePic},".
        "'{$strPicUrl}','{$steAssessor}')";
}else{
    //设置修改数据命令
    $strSQL="update Gls set CatID='{$strCatID}',[Title]='{$strTitle}',".
        "aKey='{$straKey}',[Author]='{$strAuthor}', CopyFrom='{$strCopyFrom}',".
        "LevelID={$nLevel},Stars={$nStars},[Brief]='{$strBrief}',".
        "[Content]='{$strContent}',UpdateTime=Now(),OnTop={$bOntop},".
        "Elite={$bElite},Passed={$bPassed},Editor='{$strEditor}',".
        "IncludePic={$bIncludePic},PicUrl='{$strPicUrl}',".
        "Assessor='{$steAssessor}' where ID={$nInfoID}";
}
echo $strSQL;
$pdo =new PDO($strDSN, $strDBName, $strDBPWD);
$nCount = $pdo->exec($strSQL);
if($nCount>0)
{
    if($nOpt==0)
    {
        $strMsg="新建完毕! ";
    }else{
```

```
        $strMsg=$nInfoID."-修改完毕！";
    }
    die("<Script language='JavaScript'>window.alert('".$strMsg."');this.location='gls_edit.php';</Script>");
}else{
    die("<Script language='JavaScript'>window.alert('保存失败！');history.back(-1);</Script>");
}
}
```

⑫ 编辑图文信息程序段设计。

```
//如果编辑信息，则读取表信息至表单中
if($nOpt==1)
{
$pdo =new PDO($strDSN, $strDBName, $strDBPWD);
$strSQL="select * from Gls where ID={$nInfoID}";
$rst=$pdo->query($strSQL);
if($rstInfo=$rst->fetch())
{
//信息存在，则赋值变量
        $strCatID=$rstInfo["CatID"];
        $strTitle=$rstInfo["Title"];
        $strPicUrl=$rstInfo["PicUrl"];
        $straKey=$rstInfo["aKey"];
        $strAuthor=$rstInfo["Author"];
        $strCopyFrom=$rstInfo["CopyFrom"];
        $strBrief=$rstInfo["Brief"];
        $bOntop=$rstInfo["OnTop"];
        $bElite=$rstInfo["Elite"];
        $nLevel=$rstInfo["Level"];
        $nStars=$rstInfo["Stars"];
        $strContent=$rstInfo["Content"];
        $bPassed=$rstInfo["Passed"];
    }else{
        echo "<Script language='JavaScript'>window.alert('指定信息未找到，进入添加状态!');</Script>";
        $nOpt=0;
    }
}else{
    $bPassed=1;
    $strAuthor="本站";
    $strCopyFrom="本站";
}
?>
```

⑬ 打开资源包"manager"文件夹中的"gls_edit.htm"文件，复制"<head>"及以下代码至"gls_edit.php"底部。

⑭ 将"<img src="../images/folder1.gif" /> 添加图文信息"代码修改为"<img src="../images/folder1.gif" /> <?=($nOpt==0?"添加":"修改")?>图文信息"。

⑮ 将"<option value="" selected='selected'>--请选择栏目名称--</option>"修改为"<option value=""<?=($nOpt==0?"selected='selected'":"")?> >--请选择栏目名称--</option>"。

⑯ 删除该"Select"的其他"option"代码，输入以下代码。

```
<?
$strSQL="select CatID,CatName from ViewCatalog where CatType=0 Order By CatID";
$rst=$pdo->query($strSQL);
while($rstInfo=$rst->fetch())
{
  echo "<option value="".(strlen($rstInfo["CatID"])<4?"":$rstInfo["CatID"]).
       "".($rstInfo["CatID"]==$strCatID,"selected='selected'","").
       ">".$rstInfo["CatID"].$rstInfo["CatName"]."</option>";
}
?>
```

⑰ 将标题输入框代码中的"value="""修改为"value="<?=$strTitle?>""。

⑱ 将上传图片输入框的 Value 值设为"value="<?=$strPicUrl?>""。

⑲ 将关键字输入框的 Value 值设为"value="<?=$straKey?>""。

⑳ 将作者输入框的 Value 值设为"value="<?=$strAuthor?>""。

㉑ 将来源输入框的 Value 值设为"value="<?=$strCopyFrom?>""。

㉒ 将阅读级别 option 修改为如下所示。

```
<option value="0" <?=($nLevel==0?"selected='selected'":"")?>>开放</option>
<option value="1" <?=($nLevel==1?"selected='selected'":"")?>>会员以上</option>
<option value="2" <?=($nLevel==2?"selected='selected'":"")?>>VIP会员以上</option>
<option value="3" <?=($nLevel==3?"selected='selected'":"")?>>内部管理员以上</option>
```

㉓ 将星级 option 修改为如下所示。

```
<option value="1" <?=($nStars==1?"selected='selected'":"")?>>★</option>
<option value="2" <?=($nStars==2?"selected='selected'":"")?>>★★</option>
<option value="3" <?=($nStars==3 or $nOpt=0?"selected='selected'":"")?>>★★★</option>
<option value="4" <?=($nStars==4?"selected='selected'":"")?>>★★★★</option>
<option value="5" <?=($nStars==5?"selected='selected'":"")?>>★★★★★</option>
```

㉔ 将内容简介的"textarea"修改为"<textarea name="ftxt_Brief" id="ftxt_Brief" class="input6"/><?=$strBrief?></textarea>"。

㉕ 将置顶的"input"修改为"<input type="checkbox" name="fchk_Ontop" id="fchk_Ontop" value="true" <?=$bOntop?"checked":""?> />"。

㉖ 将精品的"input"修改为"<input type="checkbox" name="fchk_Elite" id="fchk_Elite" value="true" <?=$bElite?"checked":""?>/>"。

㉗ 将"FCKEditor 在线编辑框"文字修改为如下所示。

```
<?
$oFCKeditor=new FCKeditor("ftxt_Content");//新建FCKeditor对象
$oFCKeditor->BasePath=$strBasePath;//设置FCKeditor对象基础路径,即FCKeditor文件夹所在位置
$oFCKeditor->Height="500px";//设置编辑器的工具栏
$oFCKeditor->Width="90%";//设置编辑器的工具栏
```

```
$oFCKeditor->Value=$strContent;//初始化编辑器内容
$oFCKeditor->Create("ftxt_Content");//定义编辑内容变量,用于其他代码调用
?>
```

㉘ 将审核的"input"修改为"<input type="checkbox" name="fchk_Passed" id="fchk_ Passed" value="true" <?=($bPassed or $nOpt=0?"checked":"")?> />"。

㉙ 保存并上传文件;

㉚ 将资源包中的"fckEditor"和"upclass"复制到本地根文件夹中,并上传至服务器。

㉛ 在浏览器中打开网站首页,登录后将浏览器地址栏修改为"……manager/gls_edit.php",打开图文信息编辑页面,测试添加、修改等功能。如果提交时选中"提交同时审核"选项,则该信息将可在网站前台页面中显示。

知识拓展

拓展 1 | FCKEditor 在线编辑器

FCKEditor 是一款优秀的 HTML 在线编辑器,用来实现网上在线文字录入、格式设置、表格创建等文件编辑功能,并允许开发者根据需要自由配置这些功能。FCKEditor 支持多种编程语言(ASP、PHP、JSP、ASP.Net、Java、Lasso、Perl、Python 等),支持目前绝大多数的浏览器。最重要的是,FCKEditor 是一款开放源代码软件,遵循 LGPL 版权,在个人和教育领域可以免费自由使用。

编辑器调用方法如下。

```
<?
$oFCKeditor=new FCKeditor("ftxt_Content");//新建FCKeditor对象
$oFCKeditor->BasePath=$strBasePath;//设置FCKeditor对象基础路径,即FCKeditor文件夹所在位置
$oFCKeditor->Height="500px";//设置编辑器的工具栏
$oFCKeditor->Width="90%";//设置编辑器的工具栏
$oFCKeditor->Value=$strContent;//初始化编辑器内容
$oFCKeditor->Create("ftxt_Content");//定义编辑内容变量,用于其他代码调用
?>
```

其中,编辑内容变量可以自由定义,变量名用引号标示。

使用 FCKEditor 编辑器前必须首先在网页文件中加入"fckeditor.php"包含文件,该文件位于"fckeditor"文件夹中。

资源包中"FCKEditor"的版本号为 2.6.3(可从"www.fckeditor.net"网站下载最新版本),并已针对 PHP 设计要求进行了配置,使用时将该文件夹复制到网站根目录即可。

本资源包中 FCKEditor 编辑器工具栏配置一共有 4 种样式:

➤ **Default**:默认样式,完全工具模式。

➤ **Basic**: 基本工具模式,含加粗、斜体、编号列表、项目列表、输入/编辑链接、取消链接等选项。

➤ **Upload**: 图片文件上传模式,含源代码、撤销、重做、输入/编辑图像等选项。

➤ **UploadBig**: 增强型图片文件上传模式,含源代码、预览、剪切、复制、粘贴、粘贴为无格式文本、撤销、重做、输入/编辑链接、取消链接、输入/编辑

图像等选项。

　　FCKEditor 编辑器中对图片、视频等的引用要求使用绝对路径。也就是说，用它上传的文件保存在"根/upload"下，当本网站系统建立在非站点根目录下时，需要调整上传文件夹配置。操作步骤如下：

　　① 使用 Dreamweaver 软件打开"fckeditor\editor\filemanager\connectors\php"文件夹中的"config.php"文件；

　　② 找到"设置用户上传文件夹"注释；

　　③ 将注释下面的""/upload/""修改成实际路径即可。

拓展 2 　无组件上传文件

　　网页上传文件一般采用组件上传和无组件上传两种方法。

　　组件上传指在服务器端安装一个专门用于文件上传的服务器组件（一般为.dll 文件）软件，组件上传的效率和安全性一般都比较高。

　　无组件上传指通过 PHP 的$_FILES 数组变量来实现文件上传功能。相对于组件上传方式，无组件上传没有特殊的组件要求，可适用于任何环境的服务器。无组件上传功能不是很稳定，对于 PHP 脚本的执行时间有较高要求，且对于上传文件的大小有一定限制。

　　由于无组件上传功能的实现比较复杂，本书不做详细介绍，调用事先设计好的图片上传程序。

　　图片上传程序的调用方法如下：

```
<iframe border="0" frameBorder="0" noResize scrolling="no" width="500px" height="40px"
src="../upclass/upphoto.htm"></iframe>
```

　　其中，接收图片路径的文本框的名称和 ID 必须为"ftxt_PicUrl"，图片上传的文件保存在"../upload"文件夹下，与 FCKEditor 共享上传文件夹。

做一做

　　① 参照"图文信息编辑"程序流程图，用 Visio 画出"资源信息编辑"程序流程图。

　　② 写出完整的"资源信息编辑"程序，文件名为"res_edit.php"，保存到"manager"文件夹中，并上机调试。静态页面"res_edit.htm"在资源包"manager"文件夹中。

6.3　信息列表页面

案例综述

　　信息管理包括信息列表和信息处理两个功能块，其中信息列表页面主要完成筛选条件设置、分页显示符合条件的信息，如图 6-2 所示。

　　本任务完成信息列表页面"info_list.php"的设计，列表信息从"ViewAllGlsRes"视图中获取。

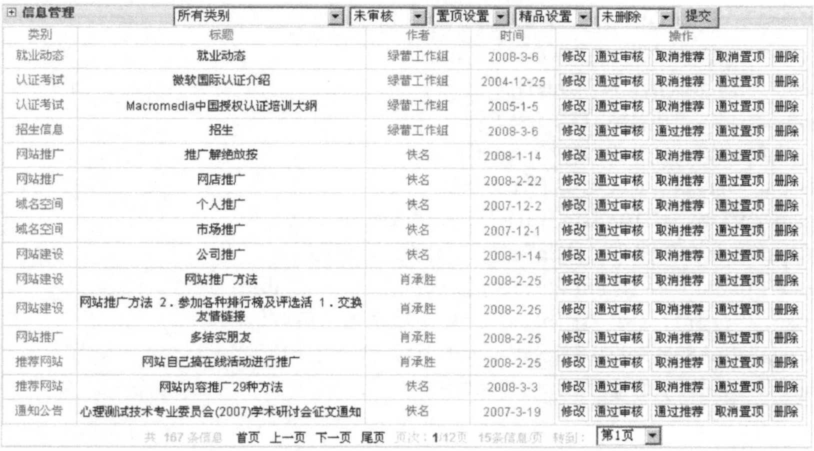

⊞ 信息管理　所有类别　未审核　置顶设置　精品设置　未删除　提交

类别	标题	作者	时间	操作				
就业动态	就业动态	绿蕾工作组	2008-3-6	修改	通过审核	取消推荐	取消置顶	删除
认证考试	微软国际认证介绍	绿蕾工作组	2004-12-25	修改	通过审核	取消推荐	通过置顶	删除
认证考试	Macromedia中国授权认证培训大纲	绿蕾工作组	2005-1-5	修改	通过审核	取消推荐	通过置顶	删除
招生信息	招生	绿蕾工作组	2008-3-6	修改	通过审核	通过推荐	通过置顶	删除
网站推广	推广解绝故按	佚名	2008-1-14	修改	通过审核	取消推荐	通过置顶	删除
网站推广	网店推广	佚名	2008-2-22	修改	通过审核	取消推荐	通过置顶	删除
域名空间	个人推广	佚名	2007-12-2	修改	通过审核	取消推荐	通过置顶	删除
域名空间	市场推广	佚名	2007-12-1	修改	通过审核	取消推荐	通过置顶	删除
网站建设	公司推广	佚名	2008-1-14	修改	通过审核	取消推荐	通过置顶	删除
网站建设	网站推广方法	肖承胜	2008-2-25	修改	通过审核	取消推荐	通过置顶	删除
网站建设	网站推广方法 2．参加各种排行榜及评选活 1．交换友情链接	肖承胜	2008-2-25	修改	通过审核	取消推荐	通过置顶	删除
网站推广	多结实朋友	肖承胜	2008-2-25	修改	通过审核	取消推荐	通过置顶	删除
推荐网站	网站自己搞在线活动进行推广	肖承胜	2008-2-25	修改	通过审核	取消推荐	通过置顶	删除
推荐网站	网站内容推广29种方法	佚名	2008-3-3	修改	通过审核	取消推荐	通过置顶	删除
通知公告	心理测试技术专业委员会(2007)学术研讨会征文通知	佚名	2007-3-19	修改	通过审核	通过推荐	取消置顶	删除

共 167 条信息　首页　上一页　下一页　尾页　页次：1/12页　15条信息/页　转到：第1页

图 6-2　信息列表页面

想一想

① 分页显示所需要的变量是＿＿＿＿＿＿＿＿＿＿＿＿＿＿＿＿＿＿＿＿＿。

② 第二页起信息筛选的 SQL 语句是＿＿＿＿＿＿＿＿＿＿＿＿＿＿＿＿＿＿。

③ 如何得到总页数$nTotalPages 的值＿＿＿＿＿＿＿＿＿＿＿＿＿＿＿＿＿＿。

操作步骤

① 新建“PHP”页面，并选择“代码”视图模式。

② 删除“<head>”及以下所有代码。

③ 输入如下文件头注释。

```
<?
/*REM ###################################################################
REM File Name: info_list.php
REM Created By:          Greenbud.Chen   2014-09-10建立源文件
REM Description:         信息列表页面
REM Include Files:       i_myedu123_connectionstring.php
REM Project:             我的教育网
REM Version:             v1.00
REM Copyright (c) 2014 Greenbud WorkGroup All rights reserved.
REM ####################################################################*/
?>
```

④ 在随后的行中输入数据库连接字符串包含文件，“<? include "../inc/i_myedu123_connectionstring.php"; ?>”。

⑤ 将文件保存至“manager”文件夹，文件命名为“info_list.php”。

⑥ 定义变量，读取页面传递的数据，并检查数据的合法性。

```
<?
$nPageSize=15; //设定每页信息条数
```

```
$strCatID=trim($_REQUEST["CatID"]);
$nOnTop=intval($_REQUEST["OnTop"]);
$nElite=intval($_REQUEST["Elite"]);
$nPassed=intval($_REQUEST["Passed"]);
$nDeleted=intval($_REQUEST["Deleted"]);
$nPageCount=intval($_REQUEST["Page"]);
if(!is_numeric($strCatID)){ $strCatID="";} //默认所有
if($nOnTop<1 or $nOnTop>3){ $nOnTop=1;} //默认所有
if($nElite<1 or $nElite>3){ $nElite=1;} //默认所有
if($nPassed<1 or $nPassed>3){ $nPassed=3;} //默认为未审核信息
if($nDeleted<1 or $nDeleted>3){ $nDeleted=3;} //默认为未删除信息
if($nPageCount<1){ $nPageCount=1;} //默认第一页
?>
```

⑦ 打开资源包"manager"文件夹中的"info_list.htm"文件，复制"<head>"及以下代码至"info_list.php"底部。

⑧ 将"<select name="CatID">"的"option"修改为如下所示。

```
<option value="" <?=($strCatID==""?"selected='selected'":"")?>>所有类别</option>
<?
$pdo =new PDO($strDSN, $strDBName, $strDBPWD);
$strSQL="select CatID,CatName from ViewCatalog Order By CatID";
$rst=$pdo->query($strSQL);
while ($rstInfo=$rst->fetch())
{
  echo "<option value='".$rstInfo["CatID"]."'".
       ($rstInfo["CatID"]==$strCatID?"selected='selected'":"").
       ">".$rstInfo["CatID"].$rstInfo["CatName"]."</option>";
}
?>
```

⑨ 将"<select name="Passed">"的"option"修改为如下所示。

```
<option value="1" <?=$nPassed==1?"selected='selected'":""?>>审核设置</option>
<option value="2" <?=$nPassed==2?"selected='selected'":""?>>已审核</option>
<option value="3" <?=$nPassed==3?"selected='selected'":""?>>未审核</option>
```

⑩ 将"<select name="OnTop">"的"option"修改为如下所示。

```
<option value="1" <?=$nOnTop==1?"selected='selected'":""?>>置顶设置</option>
<option value="2" <?=$nOnTop==2?"selected='selected'":""?>>已置顶</option>
<option value="3" <?=$nOnTop==3?"selected='selected'":""?>>未置顶</option>
```

⑪ 将"<select name="Elite">"的"option"修改为如下所示。

```
<option value="1" <?=$nElite==1?"selected='selected'":""?>>精品设置</option>
<option value="2" <?=$nElite==2?"selected='selected'":""?>>精品</option>
<option value="3" <?=$nElite==3?"selected='selected'":""?>>非精品</option>
```

@ 将"<select name="Deleted">"的"option"修改为如下所示。

```
<option value="1" <?=$nDeleted==1?"selected='selected'":""?>>删除设置</option>
<option value="2" <?=$nDeleted==2?"selected='selected'":""?>>已删除</option>
<option value="3" <?=$nDeleted==3?"selected='selected'":""?>>未删除</option>
```

\# 设置筛选变量字符串，在"<table width="100%" border="1" …"语句前输入如下代码。

```
<?
$strSeek=($strCatID==""?"":"Left(CatID,".strlen($strCatID).")=".$strCatID."");//设置CatID筛选条件
switch($nOnTop) //设置置顶条件
{
  case 2:
        $strSeek=$strSeek.($strSeek==""?"":" and ")."OnTop";
        break;
  case 3:
        $strSeek=$strSeek.($strSeek==""?"":" and ")."not OnTop";
}
switch($nElite) //设置精品推荐条件
{
  case 2:
        $strSeek=$strSeek.($strSeek==""?"":" and ")."Elite";
        break;
  case 3:
        $strSeek=$strSeek.($strSeek==""?"":" and ")."not Elite";
}
switch($nPassed) //设置审核条件
{
  case 2:
        $strSeek=$strSeek.($strSeek==""?"":" and ")."Passed";
        break;
  case 3:
        $strSeek=$strSeek.($strSeek==""?"":" and ")."not Passed";
}
switch($nDeleted) //设置删除条件
{
  case 2:
        $strSeek=$strSeek.($strSeek==""?"":" and ")."Deleted";
        break;
  case 3:
        $strSeek=$strSeek.($strSeek==""?"":" and ")."not Deleted";
}
if($strSeek==""){ $strSeek=" True ";} //如果条件为空，则设置"真"
```

\$ 输入计算总页数的代码。

```
//获取符合条件的记录总数
$strSQL="select count(*) as totalrec from ViewAllGlsRes".($strSeek==""?"":" where ".$strSeek);
$rst=$pdo->query($strSQL);
```

```
$rstInfo=$rst->fetch();
$nTotalRec=$rstInfo["totalrec"]; //得到记录总数
$nTotalPages=intval($nTotalRec/$nPageSize); //计算得到总页数的整数部分
if($nTotalRec%$nPageSize>0) //
{
    $nTotalPages=$nTotalPages+1;
}
?>
```

※ 在第一个"<tr onmouseover="this.style.background='#ddd'"…"语句前输入信息筛选代码。

```
<?
//保存当前URL到Session变量中，便于信息处理程序段调用
$_SESSION["_strIMBackUrl"]="info_list.php?CatID=".$strCatID."&OnTop=".$nOnTop.
    "&Elite=".$nElite."&Passed=".$nPassed."&Deleted=".$nDeleted."&Page=".$nPageCount;
if($nPageCount==1) //如果是第一页，则select不嵌套，否则嵌套
{
    $strSQL="select top {$nPageSize} * from ViewAllGlsRes where {$strSeek} order by ID Desc";
}else{
    $strSQL="select top {$nPageSize} * from ViewAllGlsRes where {$strSeek} and ".
        "ID not in (select top ".($nPageCount-1)*$nPageSize." ID from ViewAllGlsRes ".
        "where {$strSeek} order by ID Desc) order by ID Desc";
}
echo $strSQL;
$rst=$pdo->query($strSQL);
while($rstInfo=$rst->fetch())
{
?>
```

⑯ 将第一个"td"即"就业动态"修改为"<td><?=$rstInfo["CatName"]?></td>"。

& 将第二个"td"修改为"<td><a href="<?=($rstInfo["CatType"]==0?"../codes/art_info.php":"../codes/res_info.php")?>?InfoID=<?=$rstInfo["ID"]?>" title="单击预览信息..." target="_blank"><?=$rstInfo["Title"]?></a> </td>"。

* 将第三个"td"修改为"<td><?=$rstInfo["Author"]?></td>"。

（ 将第四个"td"修改为"<td><?=date('Y-m-d',strtotime($rstInfo["UpdateTime"]))?> </td>"。

） 将第五个"td"中内嵌表格的"td"部分修改为如下所示。

```
<td><a
href="<?=($rstInfo["CatType"]==0?"gls_edit.php":"res_edit.php")?>?Opt=1&InfoID=<?=$rstInfo["ID"]?>" >修改
</td>
    <td><a href="#" onclick="opt_manage('<?=($rstInfo["Passed"]?"是否取消审核?":"是否通过审
核?")?>',1,<?=$rstInfo["CatType"]?>,<?=$rstInfo["ID"]?>)"><?=($rstInfo["Passed"]?"取消审核":"通过审核
")?></a></td>

    <td><a href="#" onclick="opt_manage('<?=($rstInfo["Elite"]?"是否取消推荐?":"是否通过推
荐?")?>',2,<?=$rstInfo["CatType"]?>,<?=$rstInfo["ID"]?>)"><?=($rstInfo["Elite"]?"取消推荐":"通过推荐
")?></a></td>
```

```
        <td><a href="#" onclick="opt_manage('<?=($rstInfo["OnTop"]?"是否取消置顶?":"是否通过置
顶?")?>',3,<?=$rstInfo["CatType"]?>,<?=$rstInfo["ID"]?>)"><?=($rstInfo["OnTop"]?"取消置顶":"通过置顶
")?></a></td>
        <td><a href="#" onclick="opt_manage('<?=($rstInfo["Deleted"]?"是否收回?":"是否删
除?")?>',4,<?=$rstInfo["CatType"]?>,<?=$rstInfo["ID"]?>)"><?=($rstInfo["Deleted"]?"收回":"删除")?></a></td>
```

＿　将随后的 "<tr onmouseover="this.style.background='#ddd'" …" 至 "</table>" 间的代码
修改为如下所示。

```
        <?
        }
        ?>
```

② 将分页工具栏代码修改为如下所示。

```
        <?
        //定义跳转URL头
        $strUrl="info_list.php?CatID=".$strCatID."&OnTop=".$nOnTop."&Elite=".$nElite."&Passed=".$nPassed."
&Deleted=".$nDeleted;
        ?>
        共 <b><?=$nTotalRec?></b> 条信息
          <a href="<?=$strUrl?>&Page=1">首页</a>
         <a href="<?=$strUrl?>&Page=<?=$nPageCount-($nPageCount>1?1:0)?>">上一页</a>
         <a
href="<?=$strUrl?>&Page=<?=($nPageCount>=$nTotalPages?$nPageCount:$nPageCount+1)?>">下一页</a>
         <a href="<?=$strUrl?>&Page=<?=$nTotalPages?>">尾页</a>
         页次：<strong><font color=red><?=$nPageCount?></font>/<?=$nTotalPages?></strong>页
         <b><?=$nPageSize?></b>条信息/页
         转到：
        <select onchange=javascript:location.href=this.options[this.selectedIndex].value; size="1" name="page">
        <?
        for($i=1;$i<=$nTotalPages;$i++)
        {
          echo "<option value="".$strUrl."&Page=".$i."""."".($i==$nPageCount?" selected":"").">第".$i."页
</option>";
        }
        ?>
        </select>
```

1　保存并上传文件。

2　在浏览器中打开网站首页，登录后将浏览器地址栏中的地址改为 "…manager/
info_list.php"，打开信息列表页面，对除"操作"之外的所有功能进行调试。

🔊 做一做

① 写出完整的"广告信息列表"程序，文件命名为"ad_list.php"，保存到"manager"文
件夹中，并上机调试。静态页面"ad_list.htm"在资源包"manager"文件夹中。

② 写出完整的"广告信息编辑"程序，文件名为"ad_edit.php"，保存到"manager"文件

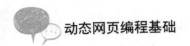

夹中，并上机调试。静态页面"ad_edit.htm"在资源包"manager"文件夹中。

!注意

广告信息编辑程序只有修改没有添加操作，广告源码（Content）需要用到 FCKEditor 在线编辑器编辑。

6.4 信息处理程序设计

■案例综述

信息处理程序完成按指定的要求更改指定记录的通过审核（Passed）、推荐（Elite）、置顶（OnTop）和删除（Deleted）字段的值，程序流程图如图 6-3 所示。

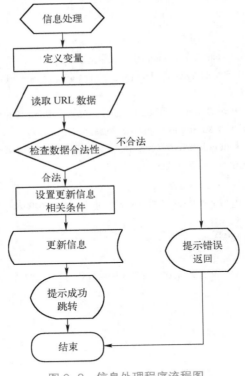

图 6-3 信息处理程序流程图

本任务完成信息处理程序"info_manage.php"的设计，更新图文信息"Gls 表"或资源信息"Res 表"中的相关字段。

◢想一想

① 图文信息对应的栏目类型值是_____，资源信息对应的栏目类型值是_____。
② 如何用同一条语句实现，当信息为置顶时取消置顶、当信息为非置顶时则设为置顶？
_____。

---

③ JavaScript 实现指定网址的跳转的语句是＿＿＿＿＿＿＿＿＿＿＿＿＿＿＿＿＿＿＿＿＿＿＿。

操作步骤

① 新建 "PHP" 页面，并选择 "代码" 视图模式。

② 输入文件头注释。

```
<?
/*REM #####################################################################
REM File Name:           info_manage.php
REM Created By:          Greenbud.Chen   2014-09-10建立源文件
REM Description:         信息处理程序
REM Include Files:       i_myedu123_connectionstring.php
REM Project:             我的教育网
REM Version:             v1.00
REM Copyright (c) 2014 Greenbud WorkGroup All rights reserved.
REM #####################################################################*/
?>
```

③ 在随后的行中输入数据库连接字符串包含文件 "<? include "../inc/i_myedu123_connectionstring.php"; ?>"。

④ 将文件保存至 "manager" 文件夹，文件命名为 "info_manage.php"。

⑤ 读取页面传递的数据。

```
<?
$nOpt=intval($_REQUEST["Opt"]);
$nCatType=intval($_REQUEST["CatType"]);
$nInfoID=intval($_REQUEST["InfoID"]);
```

⑥ 检查数据的合法性，如果不合法则提示出错信息并返回调用页。

```
//检查数据合法性
$strErrMsg="";
$strErrMsg=strErrMsg.($nOpt<1 or $nOpt>4)?"操作选项错误!":"";//检查操作选项
$strErrMsg=strErrMsg.($nCatType<0 or $nCatType>1)?"栏目类型错误!":""; //检查栏目类型
$strErrMsg=strErrMsg.($nInfoID<1?"信息ID错误!":""); //检查图文或资源ID
if($strErrMsg!="") //数据存在不合法，则提示错误并结束程序
{
  die("<Script language='JavaScript'>window.alert('{$strErrMsg}'); history.back(-1); </Script>");
}
```

⑦ 设置更新信息相关条件。

```
//设置更新信息相关条件
if($nCatType==0){$strTable="Gls";}else{$strTable="Res";}
switch($nOpt)
{
  case 1: //审核操作
        $strSql="Passed= not Passed";
```

121

```
              break;
        case 2: //推荐操作
              $strSql="Elite= not Elite";
              break;
        case 3: //置顶操作
              $strSql="OnTop= not OnTop";
              break;
        case 4: //删除操作
              $strSql="Deleted= not Deleted";
        }
```

⑧ 更新信息处理。

```
//更新信息处理
$strSQL="update {$strTable} set {$strSet} where ID={$nInfoID}";
$pdo =new PDO($strDSN, $strDBName, $strDBPWD);
$nCount = $pdo->exec($strSQL);
if($nCount>0)
{
  die("<Script language='JavaScript'>window.alert('操作完毕!');".
       "window.location.href='".$_SESSION["_strIMBackUrl"]."'";</Script>");
}else{
  die("<Script language='JavaScript'>window.alert('操作失败！');history.back(-1);</Script>");
}
?>
```

⑨ 保存并上传文件。

⑩ 在浏览器中打开网站首页，登录后将浏览器地址栏改为"……manager/ info_list.php"，打开信息列表页面，进行"操作"相关功能的测试。

📢 做一做

写出完整的"广告信息处理"程序，文件命名为"ad_manage.php"，保存到"manager"文件夹中，并上机调试。

6.5 用户信息编辑

🔲 案例综述

用户信息编辑页面完成对用户信息的添加和修改功能，该程序分别有三种可能操作，可用 Opt 变量来传递操作功能，其中"**0**"表示操作人员添加用户信息（默认值），"**1**"表示操作人员修改用户信息、"**2**"表示用户修改自己的用户信息，程序流程如图 6-4 所示。

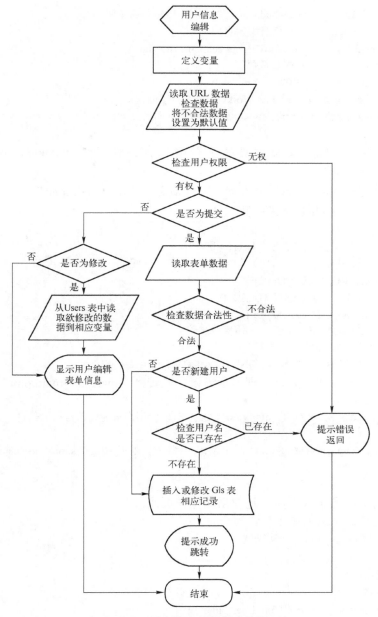

图 6-4 用户信息编辑程序流程图

本任务完成用户信息编辑程序页面"users_edit.php"。

操作步骤

① 新建"PHP"页面,并选择"代码"视图模式。

② 删除"<head>"及以下所有代码。

③ 输入文件头注释。

```
<?
/*REM ######################################################################
REM File Name:   users_edit.php
```

```
REM Created By:        Greenbud.Chen   2014-09-10建立源文件
REM Description:       用户信息编辑页面
REM Include Files:     i_myedu123_connectionstring.php
REM Project:           我的教育网
REM Version:           v1.00
REM Copyright (c) 2014 Greenbud WorkGroup All rights reserved.
REM ##############################################################################*/
?>
```

④ 在随后的行中输入数据库连接字符串包含文件 "<? include "../inc/i_myedu123_connectionstring.php"; ?>"。

⑤ 将文件保存至 "manager" 文件夹，文件命名为 "users_edit.php"；

⑥ 定义变量，读取 URL 传递的数据：

```
<?
//URL参数说明：Opt-操作选项，UserID-图文ID
//Opt操作选项，0=添加（默认值），1=修改，2=修改自己
$nOpt=intval($_REQUEST["Opt"]);
$nUserID=intval($_REQUEST["UserID"]);
if($nOpt<0 or $nOpt>2) { $nOpt=0; }
//如果nUserID不为数值或小于1，则按添加操作
if($nUserID<1) { $nOpt=0; }
if($nOpt==2){ $nUserID=$_SESSION["_nUserID"];}
```

⑦ 检查用户权限，如果无权，则提示错误并跳转到 "manager_main.php" 页面。

```
//检查用户权限
if($nOpt!=2 and $_SESSION["_nPurview"]<81) //81以内用户只能修改自己的信息
{
    die("<Script language='JavaScript'>window.alert('您的权限不够!'); this.location='manager_main.php';
        </Script>");
}
```

⑧ 判断当前页面是录入页面还是数据库操作页面。

```
//如果存在提交，则保存信息
if($_POST["fsmt_Submit"]=="提交")
{
```

⑨ 获取表单数据。

```
//获取表单数据
$strUserName=trim($_POST["ftxt_UserName"]);
$strPassword1=trim($_POST["ftxt_Password1"]);
$strPassword2=trim($_POST["ftxt_Password2"]);
$strRealName=trim($_POST["ftxt_RealName"]);
$nSex=intval($_POST["frdo_Sex"]);
$strCity=trim($_POST["ftxt_City"]);
$strUserEmail=trim($_POST["ftxt_UserEmail"]);
$nPurview=intval($_POST["fsel_Purview"]);
```

⑩ 检查表单数据的合法性，不合法则回滚上一页。

```
//检查数据合法性
$strErrMsg=$strErrMsg.($strUserName==""?"请输入用户名!":"");
$strErrMsg=$strErrMsg.($nOpt==0 and strlen($strPassword1)<6)?"密码长度不足6位!":"";//新建用户时密
```

码必须输入

```
    $strErrMsg=$strErrMsg.($nOpt==1 and strlen($strPassword1)<6 and $strPassword1!="")?"密码不为空且
长度不足6位!":""); //修改时密码可为空
    $strErrMsg=$strErrMsg.($strPassword1<>$strPassword2?"两次密码不一致!":"");
    $strErrMsg=$strErrMsg.($strRealName==""?"请输入真实姓名!":"");
    if($strErrMsg!="")
    {
      die("<Script language='JavaScript'>window.alert('".$strErrMsg."'); history.back(-1); </Script>");
    }
```

⑪ 检查新建用户的用户名是否已经存在，如果存在则提示错误并回滚到上级页面。

```
  //更新User表
  //新建时检查用户名是否存在
  if($nOpt==0)
  {
    $pdo =new PDO($strDSN, $strDBName, $strDBPWD);
    $strSQL="select UserName from Users where UserName='{$strUserName}'";
    $nCount = $pdo->exec($strSQL);
    if($nCount>0) //如果已经存在该用户名，则返回
    {
        die("<Script language='JavaScript'>window.alert('用户名已经存在！');history.back(-1); </Script>");
    }
  }
```

⑫ 输入或更新用户信息到 Users 表中，操作完毕弹出提示信息并跳转到"manager_main.php"页面。

```
  //新建或修改用户信息
  if($nOpt==0) //nOpt=0则为添加操作，否则为修改
  {
    $strSQL="insert into Users (RealName, UserEmail, Sex, City, Purview,".
        "[Password],UserName) values (".
        "'{$strRealName}','{$strUserEmail}',{$nSex},'{$strCity}',{$nPurview},".
        "'{$strPassword1}','{$strUserName}')";
  }else{
    if($strPassword1=="") //修改时如果密码不输入，则不修改密码
    {
        $strSQL="update Users set RealName='{$strRealName}', UserEmail='{$strUserEmail}',".
            "Sex={$nSex}, City='{$strCity}', Purview={$nPurview} ".
            " where UserID={$nUserID}";
    }else{
        $strSQL="update Users set RealName='{$strRealName}', UserEmail='{$strUserEmail}',".
            "Sex={$nSex}, City='{$strCity}', Purview={$nPurview},[Password]='{$strPassword1}' ".
            " where UserID={$nUserID}";
    }
  }
  $pdo =new PDO($strDSN, $strDBName, $strDBPWD);
  $nCount = $pdo->exec($strSQL);
  if($nCount>0)
  {
```

```
if($nOpt==0)
{
        $strMsg="新建完毕！";
}else{
        $strMsg=$nUserID."-修改完毕！";
}
die("<Script language='JavaScript'>window.alert('".$strMsg."');this.location='users_edit.php';</Script>");
}else{
die("<Script language='JavaScript'>window.alert('保存失败！');history.back(-1);</Script>");
}
```

⑬ 设计编辑用户信息程序段，读取用户表信息，如果用户不存在，则提示错误信息并跳转到"manager_main.php"页面。

```
//如果编辑信息，则读取表信息至表单中
if($nOpt>0)
{
$pdo =new PDO($strDSN, $strDBName, $strDBPWD);
$strSQL="select * from Users where UserID={$nUserID}";
$rst=$pdo->query($strSQL);
if($rstUser=$rst->fetch())
{
        //信息存在，则赋值给变量
        $strUserName=$rstUser["UserName"];
        $strRealName=$rstUser["RealName"];
        $nSex=($rstUser["Sex"]?1:0);
        $strCity=$rstUser["City"];
        $strUserEmail=$rstUser["UserEmail"];
        $nPurview=$rstUser["Purview"];
}else{
        die("<Script language='JavaScript'>window.alert('指定信息未找到!'); this.location='manager_
            main.php';</Script>");
}
}
```

⑭ 打开资源包"manager"文件夹中的"users_edit.htm"文件，复制"<head>"及以下代码至"users_edit.php"底部。

⑮ 将"<img src="../images/folder1.gif" /> 添加用户信息"代码修改为"<img src="../images/folder1.gif" /> <?=($nOpt==0?"添加":"修改")?>用户信息"。

⑯ 将用户名输入框代码修改为"<input type="<?=($nOpt==0?"text":"hidden")?>" name="ftxt_UserName" id="ftxt_UserName" class="input1" value="<?=$strUserName?>"/><?=($nOpt== 0?"":$strUserName)?>"，使得当新建时为可见输入框，操作人员可以输入用户名，当修改时则隐藏输入框，显示被修改用户的用户名。

⑰ 将真实姓名输入框的 Value 值设为"value=" <?=$strRealName?>""。

⑱ 将性别 radio 修改为如下所示。

```
男<input name="frdo_Sex" type="radio" value="1" <?=($nSex==1?"checked":"")?>/>
女<input name="frdo_Sex" type="radio" value="0" <?=($nSex==0?"checked":"")?> />
```

⑲ 将城市输入框的 Value 值设为"value="<?=$strCity?>""。

⑳ 将 E-mail 输入框的 Value 值设为“value="<?=$strUserEmail?>"”。

㉑ 将用户权限 Option 修改为如下所示。

```
<option value="1" <?=($nPurview==1?"selected='selected'":"")?>>普通会员</option>
<option value="2" <?=($nPurview==2?"selected='selected'":"")?>>VIP会员</option>
<option value="81" <?=($nPurview==81?"selected='selected'":"")?>>普通管理员</option>
<option value="82" <?=($nPurview==82?"selected='selected'":"")?>>高级管理员</option>
<option value="83" <?=($nPurview==83?"selected='selected'":"")?>>系统管理员</option>
```

㉒ 保存并上传文件。

㉓ 在浏览器中打开网站首页，登录后将浏览器地址栏中的地址改为“……manager/users_edit.php”，打开用户信息编辑页面，测试添加、修改等功能。

做一做

① 用 Visio 画出“网站调查信息编辑”程序流程图。

② 写出完整的“网站调查信息编辑”程序，文件命名为“vote_edit.php”，保存到“manager”文件夹中，并上机调试。静态页面“vote_edit.htm”在资源包“manager”文件夹中。

6.6 用户信息列表页面

案例综述

管理用户即用户信息列表，分页显示所有用户的信息，并设置操作（修改和删除），如图 6-5 所示。

⊞ 用户管理

用户名	真实姓名	电子邮件	性别	城市	权限	最后登录IP	最后登录时间	最后登出时间	次数	操作
阿哦	程顶阳	48[redacted]@qq.com	女	杭州	普通管理员		2007-12-14	2007-12-16	6	修改 删除
杜鹃花	陆子浩	54[redacted]@qq.com	女	台	普通会员		2007-1-26	2007-1-28	7	修改 删除
杜鹃花	陈阳	65[redacted]@qq.com	女	香港	系统管理员		2008-2-14	2008-2-18	6	修改 删除
绝对化	易书	48[redacted]@qq.com	女	乌鲁木齐	VIP会员		2008-1-26	2008-1-29	5	修改 删除
决定和服	天佑	46[redacted]@qq.com	女	拉萨	未激活会员		2007-12-15	2007-12-16	9	修改 删除
绝对化	方晶	97[redacted]@qq.com	男	石家庄	未激活会员		2006-12-24	2006-12-26	4	修改 删除
地方军	浩楠	97[redacted]@qq.com	女	内蒙古	普通会员		2008-2-14	2008-2-16	6	修改 删除
端口号	丹江	54[redacted]@qq.com	女	贵阳	未激活会员		2008-1-16	2008-1-18	6	修改 删除
杜鹃	白梅	54[redacted]@qq.com	男	成都	系统管理员		2008-1-6	2008-1-10	5	修改 删除
打开	杜鹃	45[redacted]@qq.com	男	沈阳	未激活会员		2007-12-23	2008-12-25	4	修改 删除
雕刻家	晶乐	54[redacted]@qq.com	女	郑州	未激活会员		2008-1-23	2008-1-24	2	修改 删除
加快	刘浩	31[redacted]@qq.com	女	广州	普通管理员		2008-2-12	2008-2-15	7	修改 删除
杜鹃	李然	45[redacted]@qq.com	男	云南	未激活会员		2007-12-23	2007-12-26	4	修改 删除
决定	赵晶	45[redacted]@qq.com	女	南京	系统管理员		2008-3-1	2008-3-3	6	修改 删除

共 29 条信息 首页 上一页 下一页 尾页 页次：2/2页 15条信息/页 转到： 第2页

图 6–5 用户信息列表页面

本任务完成用户信息列表页面“users_list.php”的设计，列表信息直接从“Users”表中获取。

操作步骤

① 新建“PHP”页面，并选择“代码”视图模式。

② 删除“<head>”及以下所有代码。

③ 输入文件头注释。

```
<?
/*REM ##################################################################
REM File Name:     users_list.php
REM Created By:        Greenbud.Chen   2014-09-11建立源文件
REM Description:       用户信息列表页面
REM Include Files:     i_myedu123_connectionstring.php
REM Project:           我的教育网
REM Version:           v1.00
REM Copyright (c) 2014 Greenbud WorkGroup All rights reserved.
REM ##################################################################*/
?>
```

④ 在随后的行中输入数据库连接字符串包含文件"<? include "../inc/i_myedu123_connectionstring.php"; ?>"。

⑤ 将文件保存至"manager"文件夹,文件命名为"users_list.php";

⑥ 读取页面传递的数据,并检查数据的合法性。

```
<?
$nPageSize=15; //设定每页信息条数
$nPageCount=intval($_REQUEST["Page"]);
//检查传递过来的参数合法性,如果不合法则置为默认值
if($nPageCount<1){ $nPageCount=1;}
?>
```

⑦ 打开资源包"manager"文件夹中的"users_list.htm"文件,复制"<head>"及以下代码至"users_list.php"底部。

⑧ 计算总页数。在"<table width="100%" border="1"···"前输入以下代码。

```
<?
//获取符合条件的记录总数
$pdo =new PDO($strDSN, $strDBName, $strDBPWD);
$strSQL="select count(*) as totalrec from Users";
$rst=$pdo->query($strSQL);
$rstInfo=$rst->fetch();
$nTotalRec=$rstInfo["totalrec"]; //得到记录总数
$nTotalPages=intval($nTotalRec/$nPageSize); //计算得到总页数的整数部分
if($nTotalRec%$nPageSize>0) //
  {
    $nTotalPages=$nTotalPages+1;
  }
?>
```

⑨ 在第一个"<tr onmouseover="this.style.background='#ddd'"···"前输入信息筛选代码。

```
<?
//保存当前URL到Session变量中,便于信息处理程序段调用
$_SESSION["_strIMBackUrl"]="users_list.php?Page=".$nPageCount;
if($nPageCount==1) //如果是第一页,则select不嵌套,否则嵌套
  {
    $strSQL="select top {$nPageSize} * from Users order by UserID Desc";
```

```
    }else{
      $strSQL="select top {$nPageSize} * from Users where UserID not in (".
           "select top ".($nPageCount-1)*$nPageSize." UserID from Users ".
           "order by UserID Desc) order by UserID Desc";
    }
    //echo $strSQL;
    $rst=$pdo->query($strSQL);
    while($rstInfo=$rst->fetch())
    {
    ?>
```

⑩ 将随后的 "<td>" 至 "</table>" 间的代码修改为如下所示。

```
      <td><?=$rstUser["UserName"]?></td>
      <td><?=$rstUser["RealName"]?></td>
      <td><?=$rstUser["UserEmail"]?></td>
      <td><?=($rstUser["Sex"]?"男":"女")?></td>
      <td><?=$rstUser["City"]?></td>
      <td><?=$rstUser["Purview"]?></td>
      <td><?=$rstUser["LastLoginIP"]?></td>
      <td><?=$rstUser["LastLoginTime"]?></td>
      <td><?=$rstUser["LastLoutTime"]?></td>
      <td><?=$rstUser["LoginTimes"]?></td>
      <td>
        <table width="100%" border="0">
          <tr>

            <td><a href="users_edit.php?Opt=1&UserID=<?=$rstUser["UserID"]?>">修改</td>
            <td><a href="#" onclick="opt_manage('是否删除?',<?=$rstUser["UserID"]?>)">删除
            </a></td>
          </tr>
        </table>
      </td>
    </tr>
    <?
    }
    ?>
```

! 将分页工具栏代码修改为如下所示。

```
<?
//定义跳转URL头
$strUrl="users_list.php?Page=";
?>
共 <b><?=$nTotalRec?></b> 条信息
  <a href="<?=$strUrl?>1">首页</a>
 <a href="<?=$strUrl?><?=$nPageCount-($nPageCount>1?1:0)?>">上一页</a>
 <a href="<?=$strUrl?><?=($nPageCount>=$nTotalPages?$nPageCount:$nPageCount+1)?>">下一
页</a>
 <a href="<?=$strUrl?><?=$nTotalPages?>">尾页</a>
```

```
 页次：<strong><font color=red><?=$nPageCount?></font>/<?=$nTotalPages?></strong>页
 <b><?=$nPageSize?></b>条信息/页
 转到：
<select onchange=javascript:location.href=this.options[this.selectedIndex].value; size="1" name="page">
<?
for($i=1;$i<=$nTotalPages;$i++)
{
    echo "<option value='".$strUrl.$i."'".($i==$nPageCount?" selected":"").">第".$i."页</option>";
}
?>
</select>
```

@ 保存并上传文件。

在浏览器中打开网站首页，登录后将浏览器地址栏中的地址改为"……manager/users_list.php"，打开用户信息列表页面，对除"删除"之外的所有功能进行调试。

🔊 做一做

① 写出完整的"网站调查信息列表"程序，文件命名为"vote_list.php"，保存到"manager"文件夹中，并上机调试。静态页面"vote_list.htm"在资源包"manager"文件夹中。

② 写出完整的"友情链接信息列表"程序，文件命名为"link_list.php"，保存到"manager"文件夹中，并上机调试。静态页面"link_list.htm"在资源包"manager"文件夹中。

③ 参照"信息处理程序"编写"用户信息处理程序"，文件命名为"users_manage.php"，保存到"manager"文件夹中，并上机调试。

提示：从程序中调用 URL（users_manage.php?UserID=n）可以看出，该程序比较简单，上级页面传递的参数只有一个 UserID，功能也很简单，只进行删除指定"UserID"的用户信息。

6.7　权限管理的实现

▣ 案例综述

为了网站信息的安全，后台程序通常采用权限控制技术，阻止无权用户的访问。本系统的用户分为游客、未激活会员、普通会员、VIP 会员、普通管理员、高级管理员、系统管理员，说明如下。

游客、未激活用户（$_SESSION["_nPurview"]==0）：禁止进入后台程序。

未激活会员、普通会员和 VIP 会员（$_SESSION["_nPurview"]<81）：只能修改自己的用户信息。

普通管理员（$_SESSION["_nPurview"]==81）：可以查看列表信息、添加和修改信息，不能做审核、删除操作，用户信息只能修改和添加低于自己级别的用户。

高级管理员（$_SESSION["_nPurview"]==82）：除了不能修改和添加高于自己级别的用户信息之外，没有其他限制。

系统管理员（$_SESSION["_nPurview"]==83）：没有任何限制。

本任务完成对各程序的权限控制。

操作步骤

（1）基本权限控制

由于管理员均可进入后台程序，而非管理员只能修改自己的用户信息，也就是说，除用户信息编辑程序之外，其他程序只要判断$_SESSION["_nPurview"]<81 即为无权操作，跳转到"manager_main.php"页面。用一个自定义函数可实现后台程序的基本权限控制功能，程序实现如下。

① 打开"inc"中的"i_myedu123_function.php"文件，并选择"代码"视图模式。

② 添加文件头注释"REM Modify By:　　　　Greenbud.Chen　　2014-09-11　　检查是否为后台管理员自定义函数"。

③ 在文件尾部输入如下代码。

```
/*REM ####################################################################
REM  函数名称：IsManager
REM  函数功能：检查是否为后台管理员，如果是返回True，否则跳转manager_main.php
REM  函数格式：IsManager()

REM ####################################################################*/
Function IsManager()
{
  //禁止权限小于81的用户进入
  if($_SESSION["_nPurview"]<81)
  {
        die("<Script language='JavaScript'>window.alert('对不起，您无权操
作!');this.location='manager_main.php';</Script>");
  }else{
        return true;
  }
}
```

④ 保存并上传文件。

⑤ 分别打开用户列表、图文信息编辑、信息列表等除用户信息编辑（users_edit.php）以外后台 PHP 程序。

⑥ 添加各自的文件头注释：在"REM Description："前面输入"REM Modify By: Greenbud.Chen 2014-09-15　新增基本权限控制"，在"REM Include Files:"行中加入"i_myedu123_function.php"。

⑦ 在各自的文件的数据库连接字符串包含文件引入之后，加入自定义函数包含文件，"include "../inc/i_myedu123_function.php";"。

⑧ 在各自的变量定义前输入代码"IsManager(); //基本权限检查"。

⑨ 分别保存并上传到服务器，进行测试。

（2）高级权限控制

高级权限控制主要有两个部分：信息编辑程序部分的审核控制和信息处理程序的各项设置

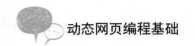

控制。其中：

信息编辑程序的审核权，对于无权审核的管理员修改已经审核的信息后，该信息只能置为未审核后才能保存，即只要在更新数据库的时候判断$_SESSION["_nPurview"]<82 即为无权操作，页面回滚到上一页即可。

信息处理程序只有高级管理员及以上级别才能操作，只要判断$_SESSION["_ nPurview"]<82 即为无权操作，页面回滚到上一页即可。

与基本权限控制程序同理，用自定义函数来实现后台程序的高级权限控制功能，程序实现如下。

① 打开"inc"中的"i_myedu123_function.php"文件，并选择"代码"视图模式。

② 添加文件头注释"REM Modify By: Greenbud.Chen 2014-09-11 检查是否为高级管理员及以上自定义函数"。

③ 在文件尾部输入以下代码。

```
/*REM ####################################################################
REM  函数名称：IsHigh
REM  函数功能：检查是否为高级管理员及以上，如果是返回True，否则回滚
REM  函数格式：IsHigh()
REM #####################################################################*/
Function IsHigh()
{
   //禁止权限小于82的用户进入
   if($SESSION["_nPurview"])
   {
        die("<Script language='JavaScript'>window.alert('对不起，您无权操作!');
history.back(-1);</Script>");
   }else{
        return true;
   }
}
```

④ 保存并上传文件。

⑤ 分别打开图文信息编辑、信息处理程序等程序。

⑥ 添加各自的文件头注释，在"REM Description:"前面输入"REM Modify By: Greenbud.Chen 2014-09-11 新增高级权限控制"。

⑦ 在信息编辑程序的信息更新前输入以下代码。

```
if($bPassed){ IsHigh();}// '如果审核为真，则检查权限
```

⑧ 保存并上传到服务器，进行测试。

（3）用户编辑程序的权限控制

在"案例4 用户信息编辑"中已经加入了一部分权限控制代码，完成了对非管理员的功能限制，但未对管理员进行控制。

对于管理员的权限分配是：普通管理员、高级管理员只能修改自己和新建比自己权限低的用户信息；系统管理员不做任何限制。所以，只要对非系统管理员的管理进行控制即可。

在更新信息和修改读取信息时，将操作人员的权限与被操作用户信息的权限进行比较，判定操作人员是否有权操作，即可实现权限的控制，程序实现如下。

① 打开"users_edit.php"文件,并选择"代码"视图模式。

② 添加文件头注释,在"REM Description:"前面输入"REM Modify By: Greenbud. Chen2014-09-15 新增高级权限控制"。

③ 在代码注释"'新建或修改用户信息"前输入以下代码。

```
//新建及修改他人信息时的权限检查
if($nOpt<2 and $SESSION["_nPurview"]<83) //当非系统管理员修改或添加他人信息时
{
  if($nPurview>=$_SESSION["_nPurview"]) //设定权限大于或等于操作人员权限时
  {
      die("<Script language='JavaScript'>window.alert('对不起,您无权操作!');
history.back(-1);</Script>");
  }
}
```

④ 在代码注释"如果编辑信息,则读取表信息至表单中"的程序段最后,输入以下代码,修改读取他人信息时的权限检查

```
If nOpt<2 and Session("nPurview")<83 Then '当非系统管理员修改或添加他人信息时
  If nPurview>=Session("nPurview") Then '设定权限大于或等于操作人员权限时
    Response.Write "<Script language='JavaScript'>window.alert('对不起,您无权操作!');history.back
    (-1);</Script>"
    Response.End()
  End If
End If
```

⑤ 保存并上传到服务器。

(4) 禁止进入后台的权限控制

游客、非激活用户禁止进入后台程序,只要在"manager_top.php"文件的"<head>"前加入以下代码即可。

```
<?
if($_SESSION["_nPurview"]<1)
{
  die("<Script language='JavaScript'>parent.location='../';</Script>");
}
?>
```

(5) 前台权限控制

前台的权限控制主要应用在用户访问图文信息页面(art_info.php)和资源下载程序(download.php)中,权限控制规则如下。

LevelID=0: 对所有用户开放,即不做任何限制。

LevelID=1: 会员 $_SESSION["_nPurview"]==1 以上,权限检查$_SESSION["_nPurview"] < LevelID。

LevelID=2: VIP 会员$_SESSION["_nPurview"]==2 以上,权限检查$_SESSION ["_nPurview"] < LevelID。

LevelID=81: 内部管理员 $_SESSION["_nPurview"]>80 以上,权限检查 $_SESSION ["_nPurview"]< LevelID。

① 图文信息页面(art_info.php)权限控制程序实现如下。

- 打开 "art_info.php" 文件，并选择 "代码" 视图模式。
- 添加文件头注释，在 "REM Description:" 前面输入 "REM Modify By: Greenbud.Chen 2014-09-15　新增权限控制"。
- 找到 "$strSQL="select CatID,Title from ViewGls where ID=".$nArtID;" 代码，将其修改为 "$strSQL="select CatID,Title,LevelID from ViewGls where ID=".$nArtID;"。
- 找到 "$strTitle=$rstInfo["Title"]; //得到标题" 代码，在其后输入 "$nLevelID=$rstInfo["LevelID"];"。
- 找到 "$strSQL="update Gls set Hits=Hits+1 where ID=".$nArtID;" 代码，在该代码前输入以下内容。

```
if($nLevelID>0 and $_SESSION["_nPurview"]<$nLevelID) //阅读权限控制
{
    die("<Script language='JavaScript'>window.alert('对不起，您无权操作!'); history.back(-1);</Script>");
}
```

- 保存并上传文件。
② 资源下载程序（download.php）权限控制程序的实现。
- 打开 "download.php" 文件，并选择 "代码" 视图模式。
- 添加文件头注释，在 "REM Description:" 前面输入 "REM Modify By: Greenbud.Chen 2014-09-15　新增权限控制"。
- 找到 "$strSQL="select Url{$nUrl} as DownUrl from ViewRes where ID=".$nResID;" 代码，将其修改为 "$strSQL="select Url{$nUrl} as DownUrl,LevelID from ViewRes where ID=".$nResID;"。
- 找到 "$strDownUrl=$rstInfo["DownUrl"];" 代码，在其后输入 "$nLevelID=$rstInfo["LevelID"];"。
- 在注释 "'更新下载次数信息" 前输入以下内容。

```
if($nLevelID>0 and $_SESSION["_nPurview"]<$nLevelID) //阅读权限控制
{
    die("<Script language='JavaScript'>window.alert('对不起，您无权操作!'); history.back(-1);</Script>");
}
```

- 保存并上传文件。

◁》做一做

① 写出完整的 "评论信息列表" 程序（comment_list.php）和 "评论信息处理" 程序（comment_manage.php），保存到 "manager" 文件夹中，并上机调试。静态页面 "comment_list.htm" 在资源包 "manager" 文件夹中。
② 写出完整的 "网站调查信息处理" 程序，文件名为 "vote_manage.php"，保存到 "manager" 文件夹中，并上机调试。

6.8　使用 MySQL 数据库

◼ 案例综述

使用 PHP 与 MySQL 数据库相结合来开发动态网站是当前最流行组合之一，本案例实现使用 MySQL 后的"绿蕾教育网"PHP 代码改造任务。

操作步骤

（1）数据库连接字符串

① 打开"inc"中的"i_myedu123_connectionstring.php"文件，并选择"代码"视图模式。

② 将数据库连接字符串修改为如下代码：

```
$strDSN = "mysql:dbname=myedu123;host=127.0.0.1;charset=gbk ";
$strDBName="root";
$strDBPWD="123456";
```

其中，

dbname：对应的是数据库名称，本案例数据库名称为"myedu123"；

host：对应的是数据库服务器地址，本案例数据库服务器为 PHP 程序同一台机器，即本机，网址为"127.0.0.1"；

charset：字符集，本案例选用"gbk"；

变量**$strDBName**用于保存用户名，本案例使用超级用户"root"；

变量**$strDBPWD**用于保存$strDBName 用户对应的密码，本案例使用了 MySQL 安装时的默认密码。

③ 保存并上传文件。

（2）修改 SQL 查询语句

MySQL 与 Access 在 SQL 语句的差异性主要有以下几个方面：

① 筛选方面。

返回 n 条的用法，MySQL 使用的关键字是 limit，Access 则用的是 top。涉及的是所有含有 top 关键字的 SQL 语句，例如：首页显示专业设置的 SQL 语句修改为：$strSQL = "select ID,Title from ViewGls where CatID='0401' and OnTop order by ID limit 10";。

由于 limit 的用法除了可以返回最新 n 条数据库之外，还具有返回从第 $m+1$ 条开始，取 n 条的功能，所以，可以简化分页处理的 SQL 语句，第一页与其他的页处理方法也可以统一了，例如，搜索页中的分页 SQL 可以写成：

```
$strSQL="select ID,Title,Brief,Author,CatName,Level,Hits,UpdateTime,".
    "Stars from ViewGlsRes where ".$strSeek." order by ID Desc limit ".($nPageCount-1)
*$nPageSize.",{$nPageSize}";。
```

分页处理涉及的页面程序主要有：前台程序 list.php、search.php，后台程序 info_list.php、users_list.php、link_list.php、vote_list.php 和 comment_list.php。

② 内置函数方面。

内置函数主要是 length（MySQL）←→len（Access）。涉及的页面程序主要有：list.php、art_info.php 和 res_info.php。

③ 数据库关键字用于字段名方面。

Access 在关键字作为字段名的处理上使用了"[]"，MySQL 则使用"`"，删除所有 Access 关键字作为字段的"[]"即可。

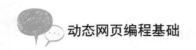

做一做

根据上述说明修改所有涉及的页面程序的 SQL 语句，并保存上传，最后逐一进行测试。

本章小结

知识与技能	学 习 情 况		
	掌握（理解）	基本掌握（理解）	未掌握（理解）
FCKEditor 在线编辑器在 PHP 中的应用			
获取表单数据、校验及错误提示的方法			
用 Session 变量传递参数的方法			
信息编辑（添加与修改）程序的设计方法			
信息处理程序的设计方法			
输入和替换数据表记录的方法			
同一页面同一参数不同时期分别从表单和 URL 获取的方法			
PHP 和 JavaScript 之间分别调用的技巧			
同一页面实现筛选条件设置和分页列表的方法			
权限管理及控制的实现			
Access 与 MySQL 在 SQL 语句中的区别			
MySQL 分页技术			

项目实训

基本信息型企业网站

任务 1　项目准备

网站项目开发流程

绿蕾蕾工作组网站开发流程如图 P1-1 所示。

项目背景

　　基本信息型企业网站也称为宣传型企业网站，该类网站主要面向客户、业界人士或者普通浏览者，以介绍企业的基本资料、帮助树立企业形象为主。这类网站通常也被形象地比喻为企业的"网上宣传册——Web Catalog"，目前绝大多数企业网站都属于这一类型。网站设计的主要目标如下。

　　宣传企业：网站内适当提供企业和行业内的新闻、产品信息、知识信息、常见问题和简易的留言板等。在这类网站上，图片仅作为文字的补充，当然，也可以有视频和 Flash 等。

　　宣传产品和服务：用来宣传企业的产品和服务，提升企业产品或服务的知名度。

　　树立品牌：一个只通过分销渠道销售产品的制造公司可以建设一个网站，用来提供产品的官方信息和提升品牌的知名度。它是公司线下品牌建设的补充。

　　本项目选自绿蕾工作组 2009 年为浙江奉化市豪升钢化玻璃厂制作的网站，该公司为小型钢化玻璃深加工企业，建站的主要目的是提升企业形象和提高网络沟通能力，同时全面、详细地介绍公司及公司产品。

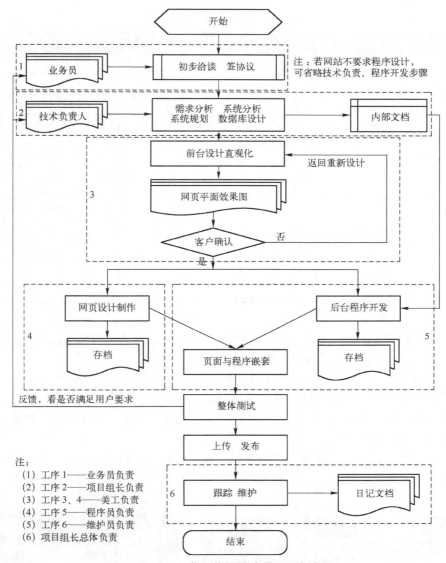

图 P1-1 绿蕾工作组网站项目开发流程

素材说明

网站素材包见本书素材中的 web01.rar。其中：

html——静态网页文件；

styles——样式文件；

scripts——JavaScript 文件；

images——图片及 Flash 等文件。

后台管理程序素材包见本书素材中的 php_myedu123_manager.rar。

项目描述

（1）网站频道与栏目设置

该网站共分为公司介绍、产品中心和新闻动态 3 个频道，详见表 P1-1。

表 P1-1　网站频道与栏目设置

	频道	频道类别	二级栏目
豪升钢化玻璃网	公司介绍	图片	关于我们
			企业文化
			发展历程
			企业荣誉
			设备展示
			联系我们
			人才招聘
	产品中心	图片	超白玻璃系列
			物理钢化玻璃
			化学钢化玻璃
	新闻动态	文字	行业新闻
			公司新闻

（2）网页导航

网页导航分为网站首页、公司介绍、产品中心、新闻动态、人才招聘、联系我们，共 6 块。

（3）网站首页（index）（见图 P1-2）

显示公司简介信息，并在 More 图片中可链接到显示公司简介详细信息的页面。

显示最新新闻标题和发布时间，并可链接到显示新闻详细信息的页面。

显示最新设备及产品（各 10 条），并以滚动的方式展示设备及产品图片，可链接到显示设备或产品的详细信息页面。

页脚显示友情链接、人才招聘和后台管理，可链接到相应的页面。

（4）公司介绍、产品中心（二级列表页，图片信息列表，ilist）（见图 P1-3）

图 P1-2　网站首页　　　　　　　　　　图 P1-3　二级列表页（图片信息列表）

左侧显示该频道下的所有栏目，并可链接到相应栏目的列表信息。

显示当前位置，从首页开始到当前栏目为止，分别可链接到首页或对应的栏目列表页。

按最新、最前的规则逐条显示当前栏目分类下的信息缩图和标题，并可链接到显示详细信息的页面。每页 8 条信息，分两行显示，每行 4 条。

显示分页栏，分别为第一页、上一页、下一页和最后一页，并可链接到相应的列表页面。

（5）新闻动态（二级列表页，文字信息列表，list）（见图 P1-4）

按最新、最前的规则逐条显示当前栏目分类下的信息标题和时间（格式为：年-月-日），并可链接到显示详细信息的页面，每页 10 条信息。

其他要求同"图片信息列表页"。

（6）图文信息显示（三级页面，info）（见图 P1-5）

显示信息标题、来源、作者、发表时间、浏览次数、详细信息、上一篇和下一篇，其中，上一篇和下一篇显示信息标题，并可链接到对应的详细信息显示页面。

其他要求同"信息列表页"。

图 P1-4 二级列表页（文字信息列表）　　　　图 P1-5 三级页面（图文信息显示）

（7）数据库

数据库结构与 MyEdu123 相同，见资源包 php_myedu123_manager.rar。

（8）后台程序

后台程序使用 MyEdu123，见资源包 php_myedu123_manager.rar。

（9）开发环境

开发工具：Adobe Dreamweaver CS6；数据库：Access 2003；服务器：phpStudy2014。

■ 课堂练习

在 list、ilist、info 三个页面中：

① 找出每个页面的动态信息块。

② 写出各动态信息块用到的字段。

③ 写出各动态信息块用到的循环语句（for、while）。

④ 写出各动态信息块用到的函数。

将信息填入下表中。

页　面	动态信息块名称	涉　及　字　段	循　环　语　句	涉　及　函　数
index	新闻动态	ID、Title、UpdateTime	For…Next	Left、FormatDateTime
index	设备及产品	ID、Title、PicUrl	Do Whlie	Left

任务 2　项目分析

数据库表

① 该网站数据库沿用 MyEdu123.mdb。

② 清除 MyEdu123.mdb 中的 Users、Catalog、CatalogType、Gls、Res、Comment、Vote、AD 表信息。

③ 添加频道类型和栏目信息至表 CatalogType 和 Catalog，频道类型和栏目信息详见表 P1-2，CatalogType 和 Catalog 见表 P1-3 和表 P1-4。

表 P1-2　网站频道类型与栏目设置

	频　道	频道类别	二级栏目	栏目编号(CatID)
豪升钢化玻璃网	公司介绍	图片	关于我们	0101
			企业文化	0102
			发展历程	0103
			企业荣誉	0104
			设备展示	0105
			联系我们	0106
			人才招聘	0107
	产品中心	图片	超白玻璃系列	0201
			物理钢化玻璃	0202
			化学钢化玻璃	0203
	新闻动态	文字	行业新闻	0301
			公司新闻	0302

表 P1-3　CatalogType

CatID	CatType

表 P1-4　Catalog

CatID	CatName	CatID	CatName

④ 添加系统管理员"webmaster"用户至表 Users，见表 P1-5。

表 P1-5　Users

UserName	Password	RealName	Purview

写出数据库连接字符串：_____

包含文件

① 写出数据库连接字符串文件"i_myedu123_connectionstring.php"的源代码：

_____

_____

_____

_____

_____

_____

② 确立页头文件"i_fhhs_head.php"范围并在下面的空白处画出草图：

③ 确立页尾文件"i_fhhs_bottom.php"范围并在下面的空白处画出草图：

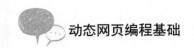

④ 自定义函数库文件"i_fhhs_ function.php"和验证码相关文件，直接使用 MyEdu123 中的相关文件。

动态化功能块

1. 首页（index）

① 新闻动态使用到的循环语句是：＿＿＿＿＿＿＿＿＿＿＿＿＿＿＿＿＿＿＿

② 新闻动态使用到的函数有：＿＿＿＿＿＿＿＿＿＿＿＿＿＿＿＿＿＿＿＿＿

③ 新闻动态信息筛选条件为：＿＿＿＿＿＿＿＿＿＿＿＿＿＿＿＿＿＿＿＿＿

④ 新闻动态信息完整的 Select 命令是：＿＿＿＿＿＿＿＿＿＿＿＿＿＿＿＿＿

⑤ 设备展示使用到的循环语句是：＿＿＿＿＿＿＿＿＿＿＿＿＿＿＿＿＿＿＿

⑥ 设备展示筛选条件为：＿＿＿＿＿＿＿＿＿＿＿＿＿＿＿＿＿＿＿＿＿＿＿

⑦ 设备展示信息完整的 Select 命令是：＿＿＿＿＿＿＿＿＿＿＿＿＿＿＿＿＿

⑧ 产品展示使用到的循环语句是：＿＿＿＿＿＿＿＿＿＿＿＿＿＿＿＿＿＿＿

⑨ 产品展示筛选条件为：＿＿＿＿＿＿＿＿＿＿＿＿＿＿＿＿＿＿＿＿＿＿＿

⑩ 产品展示信息完整的 Select 命令是：＿＿＿＿＿＿＿＿＿＿＿＿＿＿＿＿＿

⑪ 在下面的空白处画出 for 流程图：

⑫ 在下面的空白处画出 while 流程图：

⑬ 用表格描述法写出访问数据库的操作流程：

步　　骤	语　　句	说　　明
创建 PDO 对象		
创建 SQL 语句		
执行 SQL 语句		
循环开始		
判断		
显示输出		
显示输出		
否则		
显示空行		
循环结束		
关闭连接		

2. 内容页（info）

① 内容页读取 URL 的参数有：_____

② 在下面的空白处写出 MyEdu123 内容页中获取 URL 参数并检验参数合法与否的 PHP 源代码：

③ 栏目列表信息筛选条件为：_____

④ 在下面的空白处写出 MyEdu123 中的栏目列表 PHP 源代码：

⑤ 当前位置信息筛选条件为：_____

⑥ 在下面的空白处写出 MyEdu123 中的当前位置 PHP 源代码：

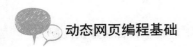
动态网页编程基础

⑦ 在下面的空白处写出 MyEdu123 内容页中获取上一篇文章信息的 PHP 源代码：

⑧ 在下面的空白处写出 MyEdu123 内容页中获取下一篇文章信息的 PHP 源代码：

3. 列表页（list/ilist）

① MyEdu123 中分页变量名是：＿＿＿＿＿＿＿＿＿＿＿＿＿＿＿＿＿＿＿＿＿＿＿
② 分别写出 list 和 ilist 页面中的分页变量值：＿＿＿＿＿＿＿＿＿＿＿＿＿＿＿
③ PHP 读取 URL 参数的命令是：＿＿＿＿＿＿＿＿＿＿＿＿＿＿＿＿＿＿＿＿＿
④ MyEdu123 列表页读取 URL 的参数有：＿＿＿＿＿＿＿＿＿＿＿＿＿＿＿＿＿
⑤ 在下面的空白处写出 MyEdu123 列表页中获取 URL 参数并检验参数合法与否的 PHP 源代码：

⑥ 在下面的空白处写出 MyEdu123 列表页中获取 CatName 和 CatType，确定查询视图名和信息显示网页 PHP 文件名的 PHP 源代码：

146

⑦ 在下面的空白处写出 MyEdu123 列表页中获取符合条件的记录总数的 PHP 源代码：

⑧ 第一页列表信息 SQL 语句：_____
⑨ 其他页列表信息 SQL 语句：_____
_____

⑩ 在下面的空白处写出 MyEdu123 中的列表信息筛选及显示的 PHP 源代码：

⑪ MyEdu123 分页代码中第一页的链接代码，href="_____"
⑫ MyEdu123 分页代码中上一页的链接代码，href="_____"
⑬ MyEdu123 分页代码中下一页的链接代码，href="_____"
⑭ MyEdu123 分页代码中最后一页的链接代码，href="_____"

后台程序改造

1. 登录页面改造

MyEdu123 的后台管理登录与前台用户登录融为一体，而本项目前台没有用户登录功能，所以需要增加一个后台用户登录页面。

2. 修改包含文件名

后台程序中所涉及的包含文件有：数据库连接字符串文件和自定义函数库文件两个文件。
写出需要修改包含文件的后台文件：_____
_____
_____

任务 3   项目实施

项目分组

项目实施前老师要对学生按项目进行分组，要求每组不超过 3 人（当每组为 3 人时，组长

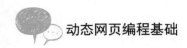动态网页编程基础

一般不参与代码编写工作），其中组长要求具有一定的组织能力，技术基础较好，尤其是乐于助人。

本组组号：＿＿＿＿＿＿＿＿＿＿

组长学号和姓名：＿＿＿＿＿＿＿＿＿＿＿＿＿＿＿＿＿＿＿＿＿＿＿＿＿＿＿＿＿＿＿

组员学号和姓名：＿＿＿＿＿＿＿＿＿＿＿＿＿＿＿＿＿＿＿＿＿＿＿＿＿＿＿＿＿＿＿

项目计划

项目计划包括实施步骤、时间和任务，详见表 P1-6。

表 P1-6　项目任务分配表

课 堂 内 容	课　　时	人　员	任　务	任 务 描 述

项目进度

任 务	计 划			实 际			总 结
	开始时间	结束时间	工期（小时）	开始时间	结束时间	工期（小时）	
建立数据库，录入相关信息							
建立站点	全体						
修改网站起始页							
建立数据库连接字符串文件							
建立页头文件							
建立页尾文件							
建立 index.php 文件							
index 最新新闻	同上						
index 设备及产品	同上						
index 测试联调							
建立 info.php 文件							
info 参数处理	同上						
info 栏目列表	同上						
info 当前位置	同上						
info 信息内容显示	同上						
info 上一篇	同上						
info 下一篇	同上						
info 测试联调							
建立 list.php 文件							
list 参数处理	同上						
list 栏目列表	同上						
list 当前位置	同上						
list 信息列表/分页	同上						

续表

任 务	计 划			实 际			总 结
	开始时间	结束时间	工期（小时）	开始时间	结束时间	工期（小时）	
list 测试联调							
建立 ilist.php 文件							
ilist 参数处理	同上						
ilist 栏目列表	同上						
ilist 当前位置	同上						
ilist 信息列表/分页	同上						
ilist 测试联调							
修改后台包含文件名							
后台登录程序							
整站测试联调							

阶段实施

1. 建立数据库，录入相关信息

① 录入频道和栏目信息，涉及"Catalog"和"CatalogType"两个数据表。

② 录入系统管理员信息，涉及"Users"数据表。

③ 导入本书素材 web01.rar 文件中的"Gls.xls"数据到"Gls"表中。

2. 建立站点

提示：小组合作项目，在站点中应该选中"启用存回和取出"功能。

推荐步骤（上机环境：绿蕾工作组-学校机房环境配置推荐方案）

① 启动 Adobe Dreamweaver CS6 程序。

② 单击"站点"→"新建站点"命令。

③ 操作完成后，单击"完成"按钮。

④ 在新建的"基本信息型企业网站"站点的本地文件夹（即 d:\d[班级][组号]\01\website）中新建如下文件夹：cert、codes、database、images、inc、manager、scripts、sounds、styles、upload、upclass。

⑤ 打开本书素材中的"web01.rar"文件，将素材及相关文档（cert、database、images、inc、scripts、sounds、styles、upload、upclass 及根目录）复制到相应的文件夹中。

⑥ 将数据库文件复制到"database"文件夹中。

3. 修改网站起始页

提示：将自动跳转指向"codes"文件夹下的"index.php"文件。

4. 建立数据库连接字符串文件

提示：数据库路径为"d:\internet.dat\access\d[班级][组号]-01"。

推荐步骤

① 用 Dreamweaver 新建文件 "PHP" 空白页。注意在单击 "创建" 按钮前确保 "首选参数" 中 "新建文档" 的 "默认编码" 为 "简体中文（GB2312）"。

② 删除所有信息。

③ 输入文件头注释。

④ 输入相关代码。

⑤ 保存到网站的 "inc" 文件夹中，文件名为 "i_fhhs_connectionstring.php"。

⑥ 上传该文件到服务器。

5. 建立页头文件

提示：注意频道及栏目的链接，其中，"公司简介"、"产品中心" 链接到 ilist.php；"新闻动态" 链接到 list.php。

推荐步骤

① 用 Dreamweaver 打开 "index.htm" 文件。

② 将 "index.htm" 另存到网站的 "inc" 文件夹中，文件名为 "i_fhhs_head.php"。

③ 删除 "<DIV id="header_top">" 块以外部分代码。

④ 在文件上部输入文件头注释。

⑤ 修改导航栏链接。

⑥ 保存并上传文件。

6. 建立页尾文件

提示：注意修改 "人才招聘" 的链接。

推荐步骤

① 用 Dreamweaver 打开 "index.htm" 文件。

② 将 "index.htm" 另存到网站的 "inc" 文件夹中，文件名为 "i_fhhs_bottom.php"。

③ 删除 "<DIV id="footer">" 块以外部分代码。

④ 在文件上部输入文件头注释。

⑤ 修改 "人才招聘" 链接。

⑥ 保存并上传文件。

7. 建立 index.php 文件

推荐步骤

① 用 Dreamweaver 打开 "index.htm" 文件。

② 将 "index.htm" 另存到网站的 "codes" 文件夹中，文件名为 "index.php"。

③ 在 "<head>" 前输入文件头注释。

④ 在随后的行中输入数据库连接字符串包含文件。

⑤ 删除 "<DIV id="header_top">" 块的代码，并插入页头包含文件。

⑥ 删除 "<DIV id="footer">" 块的代码，并插入页脚包含文件。

⑦ 修改公司简介中的 "<a href="info.htm">" 为 "<A href=" list.php? ChannelID=0101">"。

⑧ 保存并关闭文件。

8. index 最新新闻

提示：修改"More"链接到"list.php? ChannelID=03"；其中筛选的信息数和循环次数均为 6。

推荐步骤

① 用 Dreamweaver 打开"index.php"文件。

② 修改"<A href="list.htm">"为"<A href=" list.php? ChannelID=03">"。

③ 删除下列代码：

```
<LI><SPAN id="news_ltitle"><SPAN class="dot">·</SPAN><A title="2006年物理钢化玻璃行业增速仍将保持"
<LI><SPAN id="news_ltitle"><SPAN class="dot">·</SPAN><A title="2006年物理钢化玻璃行业增速仍将保持"
<LI><SPAN id="news_ltitle"><SPAN class="dot">·</SPAN><A title="2006年物理钢化玻璃行业增速仍将保持"
<LI><SPAN id="news_ltitle"><SPAN class="dot">·</SPAN><A title="2006年物理钢化玻璃行业增速仍将保持"
<LI><SPAN id="news_ltitle"><SPAN class="dot">·</SPAN><A title="2006年物理钢化玻璃行业增速仍将保持"
<LI><SPAN id="news_ltitle"><SPAN class="dot">·</SPAN><A title="2006年物理钢化玻璃行业增速仍将保持"...
[2009-07-14]</SPAN></LI>
[2009-07-14]</SPAN></LI>
[2009-07-14]</SPAN></LI>
[2009-07-14]</SPAN></LI>
[2009-07-14]</SPAN></LI>
[2009-07-14]</SPAN></LI>
```

④ 在该处输入连接数据库代码。

⑤ 在随后的行中输入筛选并显示最新新闻的 PHP 代码。

⑥ 保存并上传文件。

9. index 设备及产品

提示：修改"More"链接到"ilist.php? ChannelID=02"；其中设备和产品筛选的信息数均为 10。

推荐步骤

① 用 Dreamweaver 打开"index.php"文件。

② 修改"<A href="products.htm">"为"<A href=" list.php? ChannelID=02">"。

③ 删除下列代码：

```
<TD><A title="5" href="info.htm"><IMG alt="产品" src="../images/5.gif" width="120" height="110"></A></TD>
<TD><A title="6" href="info.htm"><IMG alt="产品" src="../images/6.gif" width="120" height="110"></A></TD>
<TD><A title="2" href="info.htm"><IMG alt="产品" src="../images/2.gif" width="120" height="110"></A></TD>
<TD><A title="3" href="info.htm"><IMG alt="产品" src="../images/3.gif" width="120" height="110"></A></TD>
<TD><A title="4" href="info.htm"><IMG alt="产品" src="../images/4.gif" width="120" height="110"></A></TD>
```

④ 在该处输入筛选并显示最新设备的 PHP 代码。

⑤ 在随后的行中输入筛选并显示最新产品的 PHP 代码。

⑥ 保存并上传文件。

10. index 测试联调

提示：查看页面的完整性；"新闻动态"、"设备及产品展示"信息是否正常显示，各信息是否正确链接到对应的页面；三个"More"是否正确链接到相应的页面。

11. 建立 info.php 文件

提示：参考"7. 建立 index.php 文件"；修改"Title"为"<TITLE><%=strTitle%> -- 豪升钢化玻璃厂</TITLE>"。

12. info 参数处理

提示：变量名"$rstGls"换成"$rstInfo"。

13. info 栏目列表

提示：参考"栏目列表信息的读取与显示"的创建方法。

推荐步骤

① 用 Dreamweaver 打开"info.php"文件。

② 在"<DIV id="container">"上方插入 PHP 代码。

③ 修改"产品中心"为"<?=$rstInfo["CatName"]?>"。

④ 删除下列代码：

```
<LI class="toplevel_li"><A href="ilist.htm">&gt: 超白玻璃系列</A></li>
<LI class="toplevel_li"><A href="ilist.htm">&gt: 物理钢化玻璃</A></li>
<LI class="toplevel_li"><A href="ilist.htm">&gt: 化学钢化玻璃</A></li>
```

⑤ 在该处输入 PHP 代码。

⑥ 保存并上传文件。

14. info 当前位置

提示：参考"位置导航信息读取与显示"的创建方法；变量名"$rstGls"换成"$rstInfo"。

15. info 信息内容显示

提示：参考"图文信息的读取与显示"的创建方法；变量名"$rstGls"换成"$rstInfo"。字段显示位置如下：

```
<div class="p_n_title">[Title]</div>
<div class="p_n_num"> * 来源:[CopyFrom]    * 作者:[Author]    * 发表时间:[Updatetime]    * 浏览:[Hits]</div>
<div class="p_n_line"></div>
<div class="p_n_content">
    [Content]
</div>
```

16. info 上一篇、info 下一篇

提示：参考"相关信息的读取与显示"的创建方法；变量名"$rstGls"换成"$rstInfo"。

17. info 测试联调

提示：在首页单击新闻或者产品链接，看是否能打开该内容页；查看页面的完整性；"栏目列表"、"当前位置"信息是否正常显示，各信息是否正确链接到对应的页面；"上一篇"、"下一篇"是否正确显示。

18. 建立 list.php 文件

提示：参考"7．建立 index.php 文件"；修改"Title"为"<TITLE><?=$strCatName?> -- 豪升钢化玻璃厂</TITLE>"。

19. list 参数处理

提示：参考"新建类别列表信息文件"的创建方法，其中每页信息条数$nPageSize 设置为 10。

20. list 栏目列表

提示：同"13．info 栏目列表"。

21. list 当前位置

提示：同"14. info 当前位置"。

22. list 信息列表/分页

推荐步骤

① 用 Dreamweaver 打开"list.php"文件。

② 删除以下代码：

```
<li><a href="info.htm" target="_blank">list标题...</a><span class="rg">[年-月-日]</span></li>
<li><a href="info.htm" target="_blank">list标题...</a><span class="rg">[年-月-日]</span></li>
<li><a href="info.htm" target="_blank">list标题...</a><span class="rg">[年-月-日]</span></li>
<li><a href="info.htm" target="_blank">list标题...</a><span class="rg">[年-月-日]</span></li>
<li><a href="info.htm" target="_blank">list标题...</a><span class="rg">[年-月-日]</span></li>
```

③ 在该处输入列表信息获取及显示代码。

④ 修改分页链接。

⑤ 保存并上传文件。

23. list 测试联调

提示：单击首页导航菜单中的"新闻中心"链接，看是否能打开该列表页；查看页面的完整性；"栏目列表"、"当前位置"信息是否正常显示，新闻列表信息是否正确链接到对应的页面；分页链接是否能正常使用。

24. ilist 参数处理

提示：同"19. list 参数处理"，其中每页信息条数$nPageSize 设置为 8。

25. ilist 栏目列表

提示：同"13. info 栏目列表"。

26. ilist 当前位置

提示：同"14. info 当前位置"。

27. ilist 信息列表/分页

提示：同"22. list 信息列表/分页"。

28. ilist 测试联调

提示：单击首页导航菜单中的"公司介绍"和"产品中心"链接，看是否能打开该列表页；查看页面的完整性；"栏目列表"、"当前位置"信息是否正常显示，图片列表信息是否正确链接到对应的页面；分页链接是否能正常使用。

29. 后台登录程序

提示：后台登录程序文件名使用"index.htm"，参照 MyEdu123 页头包含文件中有关用户登录 HTML 代码即可，用户登录处理程序"user_login.php"可直接使用 MyEdu123 中的"user_login.php"程序。

推荐步骤

① 用 Dreamweaver 打开"index.htm"文件。

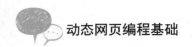

动态网页编程基础

② 删除以下代码：

　　"<meta http-equiv="Refresh" content="2;URL=manager_index.htm" />"

③ 删除 "<body>" 和 "</body>" 之间的代码。

④ 打开 "i_myedu123_head.php" 文件。

⑤ 复制 "<form name="user_login" method="post" action="user_login.php">" 和 "</form>" 之间的代码到 "index.htm" 文件的 "<body>" 标签下方。

⑥ 修改 "value="index.php"" 为 "<value="manager_index.htm""。

⑦ 删除 "<?=$_COOKIE["_strUserName"]?>" 代码。

⑧ 删除 "注册" 按钮代码。

⑨ 保存并上传文件。

⑩ 复制 MyEdu123 的 "user_login.php" 文件到 "manager" 文件夹中。

⑪ 打开 "user_login.php" 文件。

⑫ 修正两个包含文件的文件名。

⑬ 保存并上传文件。

30. 整站测试联调

提示：浏览整站，仔细观察各页面；在后台管理系统中对每个频道及栏目新建或编辑至少一条信息，检查前台是否有相应的变化。

项目 2

机关事业单位网站

任务 1 项目准备

项目背景

  机关事业单位网站的目标是为了更好地为社会公众服务,网站的主要作用如下。

  向公众介绍机关事业单位的机构职能等基本信息,公开相关政策法规和办事程序,提高办事效率和透明度,保障信息发布的权威性。

  通过网站接受公众的反馈信息,开辟与社会各界交流的渠道,开辟便捷的为民服务窗口,有效地为经济发展服务。

  把自身的信息资源发布在网站上,为当地企业参与竞争提供先进、及时的渠道,提高部门与部门之间、本单位与其他地区的政府机构、社会团体的密切联系,加强信息交流。

  本项目选自绿蕾工作组 2009 年为石家庄市社会科学院制作的网站,该单位的主要职责如下。

  制订全市在职干部理论教学计划,编写教学大纲及辅导教材。

  负责全市在职干部和市及县(市)、区两级理论学习中心组的学习辅导;分期分批对全市理论骨干和在职干部进行理论培训。

  对干部理论学习中的疑难问题进行解答、辅导并进行考核、成绩登记和管理。

  承担上级或有关部门交付的其他干部培训任务。

  有计划地开展邓小平理论的研究及马克思主义理论、社会主义市场经济理论的研究。

  围绕市委、市政府的中心工作,进行城市经济、农村发展、政治文化、社会法律等问题的研究,做好理论信息服务,为领导机关决策提供依据。

素材说明

  网站素材见本书素材中的 web02.rar。其中:

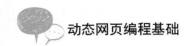

html——静态网页文件；

styles——样式文件；

scripts——JavaScript 文件；

images——图片及 Flash 等文件；

vcastr——FLV 视频播放组件。

后台管理程序素材见本书素材中的 php_myedu123_manager.rar。

项目描述

（1）网站频道与栏目设置

该网站共分为院况介绍、新闻中心、科研园地、教学培训、内部刊物、理论之窗、课题研究和燕赵讲坛 8 个频道，详见表 P2-1。

表 P2-1 网站频道与栏目设置

	频　道	频　道　类　别	二　级　栏　目
石家庄社科网	院况介绍	图片、文字	院况简介
			机构设置
	新闻中心	图片、文字	社科动态
			公告通知
	科研园地	图片、文字	课题研究
			科研成果
	教学培训	图片、文字	精选专题
			师资简介
			教学花絮
			理论教育
	内部刊物	图片、文字	石家庄市社会科学院
			中心组学习参考
			形势理论政策报告选
	理论之窗	图片、视频、文字	节目预告
			在线视频
			理论讲稿
	课题研究	图片、文字	新立项课题
			已发表课题
			理论讲稿
	燕赵讲坛	图片、文字	节目预告
			精彩回放

（2）网页导航

网页导航分为网站首页、院况介绍、新闻中心、科研园地、教学培训、内部刊物、理论之窗、课题研究、燕赵讲坛、请您留言和网站地图共 11 块。

（3）网站首页（index）（见图 P2-1）

显示新闻中心下的最新社科动态图片信息（共 5 条），并可链接到显示该图片信息的详细信息页面。

显示新闻中心下的最新社科动态标题和发布时间（共 8 条），并可链接到显示该信息的详细信息页面。

滚动显示新闻中心下的最新公告通知标题（最多 10 条），并可链接到显示该信息的详细信息页面。

显示院况简介信息，并在"详细+"中可链接到显示院况简介的详细信息页面。

分别显示科研园地、教学培训、内部刊物、理论之窗、课题研究和燕赵讲坛的最新信息，并可链接到显示该信息的详细信息页面。其中，内部刊物要求有图片链接到相关的列表页。

显示最新视频信息，单击视频即可播放。

显示固定的热点友情链接，并可链接到相应的网站。

按先后顺序显示友情链接（最多 27 条），并可链接到相应的网站。

图 P2-1　网站首页图

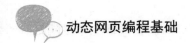

页脚显示首页、新闻中心、网站地图、友情链接和管理后台，可链接到相应的页面。

（4）信息列表（二级列表页，list）（见图P2-2）

左侧显示该频道下的所有栏目，并可链接到相应栏目的列表信息。

显示当前位置，从首页开始到当前栏目为止，分别可链接到首页或对应的栏目列表页。

按最新最前的规则逐条显示当前栏目分类下的信息标题和时间（格式为年-月-日），并可链接到显示详细信息的页面，每页10条信息。

显示分页栏，分别为第一页、上一页、各页列表、下一页和最后一页，并可链接到相应的列表页面。

图 P2-2　二级列表页

（5）图、视、文信息显示（三级内容页面，info）（见图 P2-3）

图 P2-3　三级内容页面

显示信息标题、来源、作者、发表时间、浏览次数、详细信息（含视频）、上一篇和下一篇，其中，上一篇和下一篇显示信息标题，并可链接到对应的详细信息显示页面。

其他要求同"信息列表页"。

（6）留言板页面（gbook）（见图 P2-4）

留言信息必须输入留言标题或姓名、联系方式、留言内容及验证码后才能提交。

留言信息必须通过后台审核后才可以被显示在相关页面上。

分页显示完整的留言信息，每页显示 5 条，每条信息包含留言标题或姓名、留言时间、留言者 IP、留言内容、回复时间、回复内容。

其他要求同"信息列表页"。

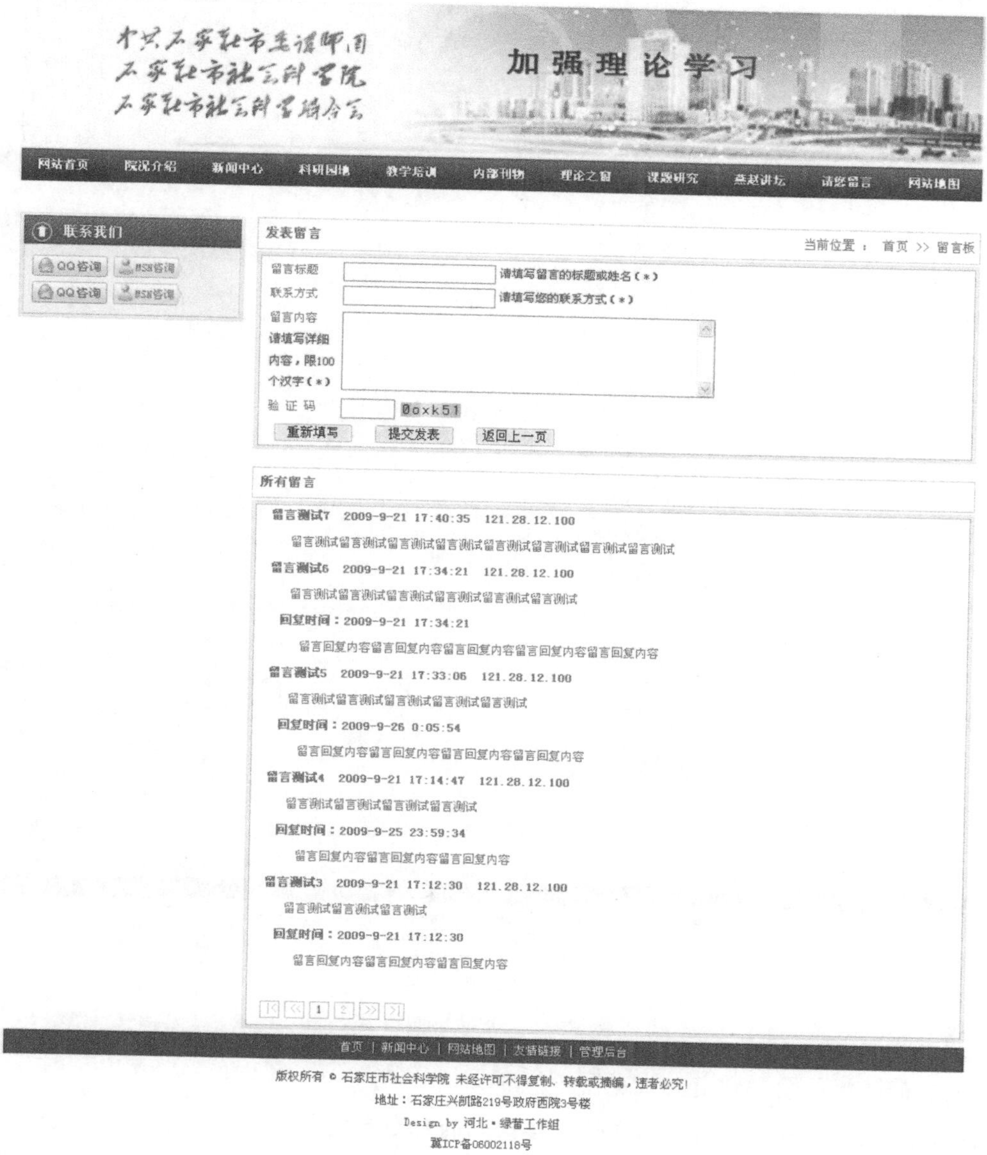

图 P2-4　留言板页面

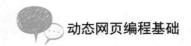

（7）网站地图页面（sitemap）（见图 P2-5）

根据网站的频道和栏目设置生成导航网页，便于浏览者快捷地进入相关栏目浏览信息，也方便搜索引擎的收录。

图 P2-5　网站地图页面

（8）友情链接页面（alinks）（见图 P2-6）

按先入先显示的顺序分页显示友情链接网站的标题和简介。

每页显示 10 条友情链接信息。

单击网站标题，在新建页面打开对应的网站。

友情链接信息只能由管理员在后台程序中输入。

图 P2-6　友情链接页面

（9）数据库

数据库结构与 MyEdu123 基本相同，需增加留言板所涉及的表及视图。MyEdu123 数据库文件见本书素材 php_myedu123_manager.rar。

（10）后台程序

后台程序使用 MyEdu123 后台程序，需增加留言板所涉及的板块。MyEdu123 后台程序见本书素材 php_myedu123_manager.rar。

（11）开发环境

开发工具：Adobe Dreamweaver CS6；数据库：Access 2003；服务器：phpStudy2014。

课堂练习

在 index（11）、list（3）、info（5）、gbook（3）、sitemap（2）、alinks（2）六个页面中：
① 找出每个页面的动态信息块。
② 写出各动态信息块用到的字段。
③ 写出各动态信息块用到的循环语句（for、while）。
④ 写出各动态信息块用到的函数。

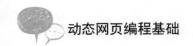

动态网页编程基础

将信息填入下表中。

页　　面	动态信息块名称	涉 及 字 段	循环语句	涉 及 函 数

任务 2　项目分析

数据库表

① 该网站数据库沿用 MyEdu123.mdb。

② 清除 MyEdu123.mdb 中的 Users、Catalog、CatalogType、Gls、Res、Comment、Vote、AD 表信息。

③ 添加频道类型和栏目信息至表 CatalogType 和 Catalog，频道类型和栏目信息详见表 P2-2，CatalogType 和 Catalog 见表 P2-3 和表 P2-4。

表 P2-2 网站频道类型与栏目设置

	频 道	频 道 类 别	二 级 栏 目	栏目编号（CatID）
石家庄社科网	院况介绍	图片、文字	院况简介	0101
			机构设置	0102
	新闻中心	图片、文字	社科动态	0201
			公告通知	0202
	科研园地	图片、文字	课题研究	0301
			科研成果	0302
	教学培训	图片、文字	精选专题	0401
			师资简介	0402
			教学花絮	0403
			理论教育	0404
	内部刊物	图片、文字	石家庄市社会科学院	0501
			中心组学习参考	0502
			形势理论政策报告选	0503
	理论之窗	图片、视频、文字	节目预告	0601
			在线视频	0602
			理论讲稿	0603
	课题研究	图片、文字	新立项课题	0701
			已发表课题	0702
			理论讲稿	0703
	燕赵讲坛	图片、视频、文字	节目预告	0801
			精彩回放	0802

表 P2-3 CatalogType

CatID	CatType	CatID	CatType	CatID	CatType

表 P2-4 Catalog

CatID	CatName	CatID	CatName

④ 添加系统管理员"webmaster"用户至表 Users，见表 P2-5。

表 P2-5　Users

UserName	Password	RealName	Purview

⑤ 修改 Gls 表，在"PicUrl"字段后新增"VedioUrl"字段，文本型，字段大小 255。

⑥ 新增"GuestBook"表，见表 P2-6。

表 P2-6　GuestBook

字　段　名	类　　型	长　　度	说　　明
ID	int	IDENTITY 1, 1	留言板 ID
Title	varchar	40	标题
Contact	varchar	100	联系方式
Content	varchar	255	留言内容
WriteTime	datetime	Default now()	留言时间
GuestIP	varchar	40	留言者 IP
Passed	bit		审核通过
Deleted	bit		删除标识
ReContent	varchar	255	回复内容
ReTime	datetime	Default now()	回复时间

⑦ 新增"ViewAllGuestBook"视图：SELECT GuestBook.* FROM GuestBook。

⑧ 新增"ViewGuestBook"视图：SELECT GuestBook.* FROM GuestBook WHERE not deleted and passed。

写出数据库连接字符串：_____

包含文件

① 参照"i_myedu123_connectionstring.php"写出数据库连接字符串文件"i_sjzsk_connectionstring.php"的源代码：

_____

_____

_____

_____

_____

② 确立页头文件"i_sjzsk_head.php"范围并在下面的空白处画出草图：

③ 确立页尾文件 "i_sjzsk_bottom.php" 范围并在下面的空白处画出草图：

④ 自定义函数库文件 "i_sjzsk_ function.php" 和验证码相关文件，直接使用 MyEdu123 中的相关文件。

动态化功能块

1. 首页（index）

① 最新社科动态图片信息用到的循环语句是：_____

② 最新社科动态图片信息用到的函数有：_____

③ 最新社科动态图片信息筛选条件为：_____

④ 最新社科动态图片信息完整的 Select 命令是：_____

⑤ 最新社科动态文字信息用到的循环语句是：_____

⑥ 最新社科动态文字信息筛选条件为：_____

⑦ 最新社科动态文字信息完整的 Select 命令是：_____

⑧ 最新公告通知用到的循环语句是：_____

⑨ 最新公告通知筛选条件为：_____

⑩ 最新公告通知完整的 Select 命令是：_____

⑪ 最新在线视频用到的循环语句是：_____

⑫ 最新在线视频筛选条件为：_____

⑬ 最新在线视频完整的 Select 命令是：_____

⑭ 最新理论之窗用到的循环语句是：_____

⑮ 最新理论之窗筛选条件为：_____

⑯ 最新理论之窗完整的 Select 命令是：_____

⑰ 最新燕赵讲坛用到的循环语句是：_____

⑱ 最新燕赵讲坛筛选条件为：_____

⑲ 最新燕赵讲坛完整的 Select 命令是：_____

⑳ 最新内部刊物用到的循环语句是：_____

㉑ 最新内部刊物筛选条件为：_____

㉒ 最新内部刊物完整的 Select 命令是：_____

㉓ 最新课题研究用到的循环语句是：_____

㉔ 最新课题研究筛选条件为：_____

㉕ 最新课题研究完整的 Select 命令是：_____

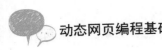

㉖ 最新科研园地用到的循环语句是：_____

㉗ 最新科研园地筛选条件为：_____

㉘ 最新科研园地完整的 Select 命令是：_____

㉙ 最新教学培训用到的循环语句是：_____

㉚ 最新教学培训筛选条件为：_____

㉛ 最新教学培训完整的 Select 命令是：_____

㉜ 友情链接用到的循环语句是：_____

㉝ 友情链接筛选条件为：_____

㉞ 友情链接完整的 Select 命令是：_____

2. 内容页（info）

① 内容页读取 URL 的参数有：_____

② 在下面的空白处写出 MyEdu123 内容页中获取 URL 参数并检验参数合法与否的 PHP 源代码：

③ 栏目列表信息筛选条件为：_____

④ 在下面的空白处写出 MyEdu123 中栏目列表的 PHP 源代码：

⑤ 当前位置信息筛选条件：_____

⑥ 在下面的空白处写出 MyEdu123 中当前位置的 PHP 源代码：

⑦ 在下面的空白处写出 MyEdu123 内容页中获取上一篇文章信息的 PHP 源代码：

⑧ 在下面的空白处写出 MyEdu123 内容页中获取下一篇文章信息的 PHP 源代码：

3. 列表页（list）

① MyEdu123 中的分页变量名是：_____

② 写出 list 页面中的分页变量值：_____

③ PHP 读取 URL 参数的命令是：_____

④ MyEdu123 列表页读取 URL 的参数有：_____

⑤ 在下面的空白处写出 MyEdu123 列表页中获取 URL 参数并检验参数合法与否的 PHP 源代码：

⑥ 在下面的空白处写出 MyEdu123 列表页中获取 CatName 和 CatType，确定查询视图名和信息显示网页 PHP 文件名的 PHP 源代码：

⑦ 在下面的空白处写出 MyEdu123 列表页中获取符合条件记录总数的 PHP 源代码：

⑧ 第一页列表信息 SQL 语句：＿＿＿＿＿＿＿＿＿＿＿＿＿＿＿＿＿＿＿＿＿＿＿

⑨ 其他页列表信息 SQL 语句：＿＿＿＿＿＿＿＿＿＿＿＿＿＿＿＿＿＿＿＿＿
＿＿＿＿＿＿＿＿＿＿＿＿＿＿＿＿＿＿＿＿＿＿＿＿＿＿＿＿＿＿＿＿＿＿

⑩ 在下面的空白处写出 MyEdu123 中的列表信息筛选及显示的 PHP 源代码：

⑪ MyEdu123 分页代码中第一页的链接代码，href="＿＿＿＿＿＿＿＿＿＿＿＿＿＿"

⑫ MyEdu123 分页代码中上一页的链接代码，href="＿＿＿＿＿＿＿＿＿＿＿＿＿＿"

⑬ MyEdu123 分页代码中下一页的链接代码，href="＿＿＿＿＿＿＿＿＿＿＿＿＿＿"

⑭ MyEdu123 分页代码中最后一页的链接代码，href="＿＿＿＿＿＿＿＿＿＿＿＿＿＿"

后台程序改造

1. 登录页面改造

MyEdu123 的后台管理登录与前台用户登录融为一体，而本项目前台没有用户登录功能，所以需要增加一个后台用户登录页面。

2. 修改包含文件名

后台程序中所涉及的包含文件有：数据库连接字符串文件和自定义函数库文件两个文件。

写出需要修改包含文件的后台文件：＿＿＿＿＿＿＿＿＿＿＿＿＿＿＿＿＿＿＿
＿＿＿＿＿＿＿＿＿＿＿＿＿＿＿＿＿＿＿＿＿＿＿＿＿＿＿＿＿＿＿＿＿＿＿
＿＿＿＿＿＿＿＿＿＿＿＿＿＿＿＿＿＿＿＿＿＿＿＿＿＿＿＿＿＿＿＿＿＿＿
＿＿＿＿＿＿＿＿＿＿＿＿＿＿＿＿＿＿＿＿＿＿＿＿＿＿＿＿＿＿＿＿＿＿＿

3. 修改 gls_edit.php

新增对 VedioUrl 字段的处理。

4. 新增留言板管理程序

留言板管理功能包括：留言信息列表（guestbook_list.php）、审核和删除（guestbook_manage.php）、回复（guestbook_return.php）等功能。

任务 3 项目实施

项目分组

项目实施前老师要对学生按项目进行分组，要求每组不超过 3 人，其中组长要求具有一定的组织能力，技术基础较好，尤其是乐于助人。

本组组号：_____

组长学号和姓名：_____

组员学号和姓名：_____

项目进度

任　　务	人员	计　　划			实　　际			总　　结
		开始时间	结束时间	工期(分钟)	开始时间	结束时间	工期(分钟)	
建立数据库，录入相关信息								
建立站点	全体							
修改网站起始页								
建立数据库连接字符串文件								
建立页头文件								
建立页尾文件								
建立 index.php 文件								
index 社科动态	同上							
index 在线视频	同上							
index 公告通知	同上							
index 课题研究	同上							
index 理论之窗	同上							
index 燕赵讲坛	同上							
index 科研园地	同上							
index 教学培训	同上							
index 内部刊物	同上							
index 友情链接	同上							
index 测试联调								
建立 info.php 文件								
info 参数处理	同上							
info 栏目列表	同上							
info 当前位置	同上							
info 信息内容显示	同上							
info 上一篇	同上							
info 下一篇	同上							
info 测试联调								

任　　务	人员	计　　划			实　　际			总　　结
		开始时间	结束时间	工期(分钟)	开始时间	结束时间	工期(分钟)	
建立 list.php 文件								
list 参数处理	同上							
list 栏目列表	同上							
list 当前位置	同上							
list 信息列表/分页	同上							
list 测试联调								
建立 gbook.php 文件								
gbook 参数处理	同上							
gbook 所有留言（信息列表/分页）	同上							
gbook 发表留言	同上							
gbook 测试联调								
alinks 友情链接页面及测试联调								
sitemap 网站地图页面及测试联调								
修改后台包含文件名								
后台登录程序								
修改 gls_edit.php								
修改 manager_left.htm								
新建 guestbook_list.php								
新建 guestbook_manage.php								
新建 guestbook_return.php								
整站测试联调								

阶段实施

1. 建立数据库，录入相关信息

① 录入频道和栏目信息，涉及"Catalog"和"CatalogType"两个数据表。

② 录入系统管理员信息，涉及"Users"数据表。

③ 修改 Gls 表结构，在 PicUrl 下方增加 VedioUrl，字段类型及大小同 PicUrl。

④ 导入本书素材 web02.rar 文件中的"Gls.xls"数据到"Gls"表中。

1. 建立站点

提示：小组合作项目，在站点中应该选中"启用存回和取出"功能。

推荐步骤（上机环境：绿蕾工作组-学校机房环境配置推荐方案）

① 启动 Dreamweaver 程序。

② 单击"站点"→"新建站点"命令。

③ 在新建的"机关事业单位网站"站点的本地文件夹（即 D:\d[班级][组号]\02\website）中新建如下文件夹：cert、codes、database、images、inc、manager、scripts、sounds、styles、upload、upclass、vcastr。

④ 打开本书素材中的 web02.rar 文件，将素材及相关文档（cert、database、images、inc、scripts、sounds、styles、upload、upclass、vcastr 及根目录）复制到相应的文件夹中。

⑤ 将数据库文件复制到"database"文件夹中。

3. 修改网站起始页

提示：将自动跳转指向"codes"文件夹下的"index.php"文件。

4. 建立数据库连接字符串文件

提示：数据库路径为"d:\internet.dat\access\d[班级][组号]-02"。

🔵 推荐步骤

① 用 Dreamweaver 新建文件"PHP"空白页。注意在单击"创建"按钮前确保"首选参数"中"新建文档"的"默认编码"为"简体中文（GB2312）"。

② 删除所有信息。

③ 输入文件头注释。

④ 输入相关代码。

⑤ 保存到网站的"inc"文件夹中，文件名为"i_sjzsk_connectionstring.php"。

⑥ 上传该文件到服务器。

5. 建立页头文件

提示：注意频道及栏目的链接，其中，"请您留言"链接到 gbook.php；"网站地图"链接到 sitemap.php；其他均链接到 list.php。

🔵 推荐步骤

① 用 Dreamweaver 打开"index.htm"文件。

② 将"index.htm"另存到网站的"inc"文件夹中，文件名为"i_sjzsk_head.php"。

③ 保留"Banner"和"Menu"即从"Banner Start"到"Menu End"之间的代码，删除其他代码。

④ 在文件上部输入文件头注释。

⑤ 修改导航栏链接。

⑥ 保存并上传文件。

6. 建立页尾文件

提示：注意修改相关链接，其中"友情链接"链接到 alinks.php。

🔵 推荐步骤

① 用 Dreamweaver 打开"index.htm"文件。

② 将"index.htm"另存到网站的"inc"文件夹中，文件名为"i_sjzsk_bottom.php"。

③ 保留从"Bottom Start"到"Bottom End"之间的代码，删除其他代码。

④ 在文件上部输入文件头注释。

⑤ 修改"首页"、"新闻中心"、"网站地图"、"友情链接"和"管理后台"的链接。

⑥ 保存并上传文件。

7. 建立 index.php 文件

推荐步骤

① 用 Dreamweaver 打开"index.htm"文件。

② 将"index.htm"另存到网站的"codes"文件夹中，文件名为"index.php"。

③ 在"<head>"前输入文件头注释。

④ 在随后的行中输入数据库连接字符串包含文件。

⑤ 删除从"Banner Start"到"Menu End"之间的代码，并插入页头包含文件。

⑥ 删除从"Bottom Start"到"Bottom End"之间的代码，并插入页脚包含文件。

⑦ 修改院况简介中的"<a href="info.htm">"为"<A href=" list.php?ChannelID=0101">"。

⑧ 保存并关闭文件。

8. index 社科动态

提示：修改"更多"链接到"list.php?ChannelID=02"；参考"新闻信息的读取与显示"和"焦点图片新闻的读取与显示"，其中最新社科动态图片信息筛选的信息数和循环次数均为 5，最新社科动态文字信息筛选的信息数和循环次数均为 8。

推荐步骤

① 用 Dreamweaver 打开"index.php"文件。

② 修改"<A href="list.htm">"为"<A href="list.php?ChannelID=02">"。

③ 在"<!-- flash 滚动焦点图 begin -->"下方输入连接数据库代码，参考"焦点图片新闻的读取与显示"，对变量$strPic、$strLink 和$strText 进行赋值。

④ 修改"<script type="text/javascript">"与"</script>"之间的代码。

⑤ 删除"<ul class="nlist1">"与"</ul>"之间的代码并在该处输入筛选并显示最新社科动态文字信息的 PHP 代码。

⑥ 保存并上传文件。

9. index 在线视频

提示：修改"在线视频"链接到"list.php? ChannelID=0602"；在线视频信息数均为 1。

推荐步骤

① 用 Dreamweaver 打开"index.php"文件。

② 在"<ul class="s_list">"下方输入 PHP 代码。

③ 将"<source>../images/gq60.flv</source>"修改为"<source><?=$strFlvUrl?></source>"。

④ 将"<title>国庆 60 周年阅兵式</title>"修改为"<title><?=$strFlvTitle?></title>"。

⑤ 保存并上传文件。

10. index 公告通知

提示：修改"公告通知"链接到"list.php?ChannelID=0202"；参考"专业设置信息的读取与显示"，其中筛选的信息数和循环次数均为 10。

推荐步骤

① 用 Dreamweaver 打开 "index.php" 文件。

② 修改 "<a href="list.htm">公告通知</a>" 为 "<a href=" list.php?ChannelID=0202">公告通知</a>"。

③ 删除下列代码:

```
<li><a href="info.htm" title="2010年4月燕赵讲坛讲座题目">2010年4月燕赵讲坛讲座题目</a></li>
<li><a href="info.htm" title="3月13日燕赵讲坛讲座预告">3月13日燕赵讲坛讲座预告</a></li>
<li><a href="info.htm" title="2010年4月燕赵讲坛讲座题目">2010年4月燕赵讲坛讲座题目</a></li>
<li><a href="info.htm" title="3月13日燕赵讲坛讲座预告">3月13日燕赵讲坛讲座预告</a></li>
<li><a href="info.htm" title="3月13日燕赵讲坛讲座预告">3月13日燕赵讲坛讲座预告</a></li>
<li><a href="info.htm" title="2010年4月燕赵讲坛讲座题目">2010年4月燕赵讲坛讲座题目</a></li>
<li><a href="info.htm" title="3月13日燕赵讲坛讲座预告">3月13日燕赵讲坛讲座预告</a></li>
<li><a href="info.htm" title="2010年4月燕赵讲坛讲座题目">2010年4月燕赵讲坛讲座题目</a></li>
<li><a href="info.htm" title="3月13日燕赵讲坛讲座预告">3月13日燕赵讲坛讲座预告</a></li>
```

④ 在该处输入筛选并显示最新公告通知的 PHP 代码。

⑤ 保存并上传文件。

11. index 其他

① 院况简介:修改 "<a href="list.htm"> 详细 +</a>" 为 "<a href="list.php?ChannelID=0101"> 详细 +</a>"。

② 课题研究:修改 "<a href="list.htm"> 更多 +</a>" 为 "<a href="list.php?ChannelID=07"> 更多 +</a>";其他参考 "10. index 公告通知",其中筛选的信息数和循环次数均为 7。

③ 理论之窗:修改 "<a href="list.htm"> >> 更多</a>" 为 "<a href="list.php?ChannelID=06"> >> 更多</a>";其他参考 "10. index 公告通知",其中筛选的信息数和循环次数均为 8。

④ 燕赵讲坛:修改 "<a href="list.htm"> >> 更多</a>" 为 "<a href="list.php?ChannelID=08"> >> 更多</a>";其他参考 "10. index 公告通知",其中筛选的信息数和循环次数均为 8。

⑤ 科研园地:修改 "<a href="list.htm"> >> 更多</a>" 为 "<a href="list.php?ChannelID=03"> >> 更多</a>";其他参考 "10. index 公告通知",其中筛选的信息数和循环次数均为 8。

⑥ 教学培训:修改 "<a href="list.htm"> >> 更多</a>" 为 "<a href="list.php?ChannelID=04"> >> 更多</a>";其他参考 "10. index 公告通知",其中筛选的信息数和循环次数均为 8。

⑦ 内部刊物:修改 "<a href="list.htm"><img src="../images/p0101.jpg" alt="内部刊物" /></a>" 为 "<a href="list.php?ChannelID=05"> <img src="../images/p0101.jpg" alt="内部刊物" /></a>";其他参考 "10. index 公告通知",其中筛选的信息数和循环次数均为 9。

⑧ 友情链接:修改 "<a href="alinks.htm"> 友情链接 </a>" 为 "<a href="alinks.php"> 友情链接 </a>";其他参考 "10. index 公告通知",其中筛选的信息数和循环次数均为 27,视图为 "ViewFriendSite"。

12. index 测试联调

提示:查看页面的完整性;检查各动态信息块中的信息是否正常显示,各信息是否正确链接到对应的页面；检查相关的栏目链接，如"更多"，是否正确链接到相应的列表页面。

13. 建立 info.php 文件

提示：参考"7. 建立 index.php 文件"；修改"Title"为"<TITLE><?=$strTitle?> --- 石家庄社科网</TITLE>"。

14. info 参数处理

提示：参考"新建 art_info.php 文件"；变量名"$rstGls"换成"$rstInfo"。

15. info 栏目列表

提示：参考"栏目列表信息的读取与显示"。

16. info 当前位置

提示：参考"位置导航信息读取与显示"；变量名"$rstGls"换成"$rstInfo"。

17. info 信息内容显示

提示：参考"图文信息的读取与显示"；变量名"$rstGls"换成"$rstInfo"。

推荐步骤

① 用 Dreamweaver 打开"info.php"文件。

② 在"<div class="p_content">"下方输入 PHP 代码。

③ Title 字段显示位置为"<div class="p_n_title">[Title]</div>"。

④ CopyFrom、Author、Updatetime 和 Hits 字段的显示位置为"<div class="p_n_info"> * 来源:[CopyFrom] * 作者:[Author] *发表时间: [Updatetime] * 浏览: [Hits]</div>"。

⑤ 在"<div class="p_n_vcastr">"下方输入代码：

```
<?
if (strlen($strVedioUrl)>4)
{
?>
```

⑥ 将"<source>...</source>"修改为"<source><?=$strVedioUrl?></source>"。

⑦ 将"<title>...</title>"修改为"<title><?=$strTitle?></title>"。

⑧ 在"</object>"下方输入代码"<? } ?>"。

⑨ 将"<div class="p_n_content">...</div>"修改为"<div class="p_n_content"><?=$str_Content?></div>"。

⑩ 保存并上传文件。

18. info 上一篇、info 下一篇

提示：参考"相关信息的读取与显示"；变量名"$rstGls"换成"$rstInfo"；

19. info 测试联调

提示：从首页单击新闻或者产品链接，看是否能打开该内容页；查看页面的完整性；"栏目列表"、"当前位置"信息是否正常显示,各信息是否正确链接到对应的页面；"上一篇"、"下一篇"是否正确显示。

20．建立 list.php 文件

提示：参考"7．建立 index.php 文件"；修改"Title"为"<TITLE><?=$strCatName?> ---
石家庄社科网</TITLE>"。

21．list 参数处理

提示：参考"新建类别列表信息文件"，其中每页信息条数 nPageSize 设置为 10。

22．list 栏目列表

提示：同"15．info 栏目列表"。

23．list 当前位置

提示：同"16．info 当前位置"。

24．list 信息列表/分页

推荐步骤

① 用 Dreamweaver 打开"list.php"文件。

② 删除"<ul class="p_n_list">"与"</ul>"之间的代码，并在该处输入列表信息获取及
显示代码。

③ 修改分页链接，其中"第 1 页"等具体页码链接用"for"语句来实现。

④ 保存并上传文件。

25．list 测试联调

提示：单击首页导航菜单中的"新闻中心"链接，看是否能打开该列表页；查看页面的完
整性；"栏目列表"、"当前位置"信息是否正常显示，新闻列表信息是否正确链接到对应的页
面；分页链接是否能正常使用。

26．建立 gbook.php 文件

提示：参考"7．建立 index.php 文件"；修改"Title"为"<TITLE><?=$strTitle?> --- 石家
庄社科网</TITLE>"。

27．gbook 信息列表相关参数的处理

提示：同"21．list 参数处理"，其中每页信息条数 $nPageSize 设置为 5，视图为"ViewGuest
Book"。

28．gbook 所有留言（信息列表/分页）

提示：删除"<ul class="p_n_list">"与"</ul>"之间的代码，并在该处输入列表信息获取
及显示代码。

分页代码同"24．list 信息列表/分页"。

29．gbook 发表留言

提示：参考"评论信息的添加"。

推荐步骤

① 用 Dreamweaver 打开"gbook.php"文件。

② 在包含文件下方输入代码 "if($_POST["fsmt_Submit"]=="提交")"。

③ 随后输入获取表单数据的相关代码。

④ 输入检查数据合法性相关代码.

⑤ 输入连接数据库代码。

⑥ 输入插入留言信息的代码，其中 SQL 语句为 "insert into GuestBook (Title, Contact, Content, WriteTime, GuestIP) values (?, ?, ?, ?, ?)"。

⑦ 输入留言成功提示信息代码："die("<Script language='JavaScript'> window.alert('谢谢您的留言!');this.location='gbook.php';</Script>");"。

⑧ 保存并上传文件。

30. gbook 测试联调

提示：查看页面的完整性；留言信息是否正常显示；分页链接是否能正常使用；能否正确发表留言信息。

31. alinks 友情链接页面

提示：参考 list 页面相关代码，其中每页信息条数 nPageSize 设置为 10，视图为 "ViewFriendSite"。

32. sitemap 网站地图页面

提示：参考 list 页面相关代码，取消分页相关代码，视图为 "ViewCatalog"。

33. 后台登录程序

提示：后台登录程序文件名使用 "index.htm"，参照 MyEdu123 页头包含文件中有关用户登录 HTML 代码即可，用户登录处理程序 "user_login.php" 可直接使用 MyEdu123 中的 "user_login.php" 程序。

34. 修改 gls_edit.php 页面

35. 修改 manager_left.htm 页面

36. 新建 guestbook_list.php 页面

推荐步骤

① 用 Dreamweaver 打开 "info_list.php" 文件，并将该文件另存为 "guestbook_list.php"，关闭 "info_list.php" 文件。

② 修改文件头注释信息。

③ 删除 "CatID"、"OnTop"、"Elite" 相关的代码。

④ 将 "信息管理" 修改为 "留言管理"，"ViewAllGlsRes" 修改为 "ViewAllGuestBook"。

⑤ 将以下代码：

```
<tr>
    <td width="70px">类别</td>
    <td width="280px">标题</td>
    <td width="100px">作者</td>
    <td width="80px">时间</td>
    <td>操作</td>
</tr>
```

修改为：

```
<tr>
  <td width="70px">留言时间</td>
  <td width="100px">标题</td>
  <td width="100px">联系方式</td>
  <td width="280px">内容</td>
  <td width="80px">IP</td>
  <td>操作</td>
</tr>
```

⑥ 将 " "guestbook_list.php?Passed="&nPassed&"&Deleted="&nDeleted&"&Page="&nPage Count" 赋值给 Session 变量 "_strIMBackUrl"。

⑦ 将 "while" 循环体内的代码修改为以下情形：

```
<tr onmouseover="this.style.background='#ddd'" onmouseout="this.style.
background='#fff'">
  <td><%=FormatDateTime(rstInfo("WriteTime"),2)%></td>
  <td><%=rstInfo("Title")%></td>
  <td><%=rstInfo("Contact")%></td>
  <td>

    <%=rstInfo("Content")%>
    <hr />
    <%=rstInfo("ReContent")%>
  </td>
  <td><%=rstInfo("GuestIP")%></td>
  <td>
    <table width="100%" border="0">
      <tr>
        <td><a href="guestbook_return.php?ID=<%=rstInfo("ID")%>" >回复
</td>
        <td><a href="#" onclick="opt_manage('<%=iif(rstInfo("Passed"),"
是否取消审核?","是否通过审核?")%>',1,<%=rstInfo("ID")%>)"> <%=iif(rstInfo
("Passed"),"取消审核","通过审核")%></a></td>
        <td><a href="#" onclick="opt_manage('<%=iif(rstInfo("Deleted"),"
是否收回?","是否删除?")%>',2,<%=rstInfo("ID")%>)"> <%=iif(rstInfo
("Deleted"),"收回","删除")%></a></td>
      </tr>
    </table>
  </td>
</tr>
```

⑧ 将 " " guestbook_list.php?Passed="&nPassed&"&Deleted="&nDeleted" 赋值给变量 "$strUrl"。

⑨ 将 "opt_manage(strMsg,nOpt,nCatType,nInfoID)" 修改为 "opt_manage(strMsg,n Opt, nID)"。

⑩ 将 "window.location.href="info_manage.php?Opt="+nOpt+"&CatType="+nCatType+"&Info ID="+nInfoID" 修改为 "window.location.href="guestbook_manage.php?Opt="+nOpt+"&ID ="+nID"。

⑪ 保存并上传文件。

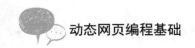

37. 新建 guestbook_manage.php 页面

提示：可参考"36．新建 guestbook_list.php 页面"中介绍的方法，通过另存"info_manage.php"到"guestbook_manage.php"，然后修改相关代码：

> 删除"CatID"、"OnTop"、"Elite"相关的代码；
> 修改"nOpt"对应关系，1 对应审核，2 对应删除；
> 数据表为"Guestbook"。

38. 新建 guestbook_return.php 页面

提示：可参考"29．gbook 发表留言"。

> 需增加权限控制：if($_SESSION ["_nPurview"]<81) …
> SQL 语句为：update GuestBook set reContent='{…}', reTime='{…}' where ID={…}

39. 整站测试联调

提示：浏览整站，仔细观察各页面；在后台管理系统中对每个频道及栏目新建或编辑至少一条信息，检查前台是否有相应的变化。

项目 3

企业网站

任务 1 项目准备

项目背景

本项目选自绿蕾工作组 2009 年为石家庄开发区东山油气设备有限公司制作的网站，该单位为高科技民营股份制企业，公司总部设在石家庄市高新技术金石园区创新大厦 615 号。公司主体为总经理负责自主经营高新技术企业，公司以创新、提高技术环境与先进性人力资源为依托，致力于石油化工业油气设备的研制、开发、生产和销售。

素材说明

网站素材包见本书素材中的 web03.rar。其中：
html——静态网页文件；
styles——样式文件；
scripts——JavaScript 文件；
images——图片及 Flash 等文件；
vcastr——FLV 视频播放组件。
后台管理程序素材包见本书素材中的 **php_myedu123_manager.rar**。

项目描述

（1）网站频道与栏目设置
该网站共分为公司简介、新闻中心和产品中心三个频道，详见表 P3-1。

表 P3-1　网站频道与栏目设置

	频　道	频道类别	二级栏目
东山油气设备网	公司简介	图片、文字	关于我们
			人才招聘
			联系我们
			服务网络
	新闻中心	图片、文字	行业新闻
			公司新闻
	产品中心	图片、文字	天然气设备
			液化气设备
			其他设备
			管理系统
			组气方案

（2）网页导航

网页导航分为网站首页、公司简介、新闻中心、产品中心、网站地图、人才招聘、客户留言共 7 块。

（3）网站首页（index）（见图 P3-1）

显示最新新闻信息（共 5 条），并可链接到显示该新闻信息的详细信息页面。

滚动显示最新产品图片及标题信息（最多 10 条），并可链接到显示该信息的详细信息页面。

显示公司简介信息，并在"MORE"中可链接到显示公司简介的详细信息页面。

显示服务网络中国地图，并在中国地图和"MORE"中可链接到显示公司简介的详细信息页面。

显示在线客户 QQ 和 MSN 图标，并可链接到相应的 QQ 和 MSN 上。

页脚显示首页、公司简介、产品中心、友情链接和后台管理，可链接到相应的页面。

（4）公司简介、新闻中心（二级列表页，文字信息列表，list）（见图 P3-2）

图 P3-1　网站首页图

图 P3-2　二级列表页（文字信息列表）

左侧显示该频道下的所有栏目，并可链接到相应栏目的列表信息。

显示当前位置，从首页开始到当前栏目为止，分别可链接到首页或对应的栏目列表页。

按最新最前的规则逐条显示当前栏目分类下的信息标题和时间（格式为：年-月-日），并可链接到显示详细信息的页面，每页 10 条信息。

显示分页栏，分别为第一页、上一页、各页列表、下一页和最后一页，并可链接到相应的列表页面。

（5）产品中心（二级列表页，图片信息列表，ilist）（见图 P3-3）

左侧显示该频道下的所有栏目，并可链接到相应栏目的列表信息。

显示当前位置，从首页开始到当前栏目为止，分别可链接到首页或对应的栏目列表页。

按最新最前的规则逐条显示当前栏目分类下的信息缩图和标题，并可链接到显示详细信息的页面。每页 9 条信息，分 3 行显示，每行 3 条。

显示分页栏，分别为第一页、上一页、下一页和最后一页，并可链接到相应的列表页面。

（6）图、视、文信息显示（三级内容页面，info）（见图 P3-4）

显示信息标题、来源、作者、发表时间、浏览次数、详细信息（含视频）、上一篇和下一篇，其中，上一篇和下一篇显示信息标题，并可链接到对应的详细信息显示页面。

图 P3-3　二级列表页

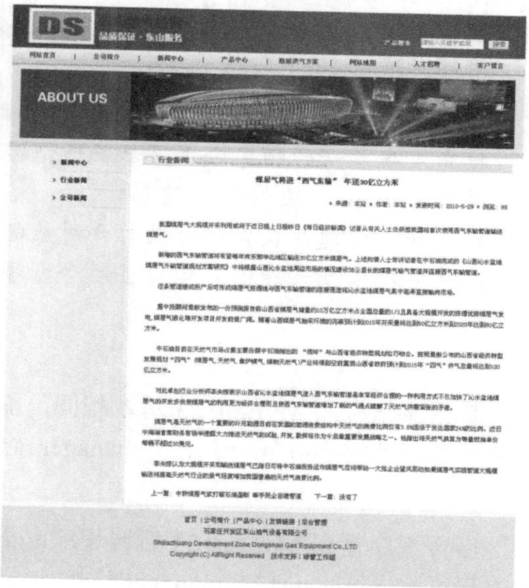

图 P3-4　三级页面

其他要求同"信息列表页"。

（7）留言板页面（gbook）（见图 P3-5）

留言信息必须输入留言标题或姓名、联系方式、留言内容及验证码后才能提交。

留言信息必须通过后台审核后才可以被显示在相关页面上。

分页显示完整的留言信息，每页显示 5 条，每条信息包含留言标题或姓名、留言时间、留言者 IP、留言内容、回复时间、回复内容。

其他要求同"信息列表页"。

图 P3-5　留言板页面

（8）网站地图（sitemap）

根据网站的频道和栏目设置生成导航网页，便于浏览者快捷地进入相关栏目浏览信息，也方便搜索引擎的收录。

可参考项目 2。

（9）友情链接（alinks）

按先入先显示的顺序分页显示友情链接网站的标题和简介。

每页显示 10 条友情链接信息。

单击网站标题，在新建页面打开对应的网站。

友情链接信息只能由管理员在后台程序中输入。

可参考项目 2。

（10）数据库

数据库结构与 MyEdu123 基本相同，需增加留言板所涉及的表和视图。MyEdu123 数据库文件见本书素材 php_myedu123_manager.rar。

（11）后台程序

后台程序使用 MyEdu123 后台程序，需增加留言板所涉及的板块。MyEdu123 后台程序见本书素材 php_myedu123_manager.rar。

（12）开发环境

开发工具：Adobe Dreamweaver CS6；数据库：Access 2003；服务器：phpStudy2014。

任务 2　项目分析

数据库表

① 该网站数据库沿用 MyEdu123.mdb。

② 清除 MyEdu123.mdb 中的 Users、Catalog、CatalogType、Gls、Res、Comment、Vote、AD 表信息。

③ 添加频道类型和栏目信息至表 CatalogType 和 Catalog，频道类型和栏目信息详见表
P3-2，CatalogType 和 Catalog 见表 P3-3 和表 P3-4。

表 P3-2　网站频道类型与栏目设置

	频　道	频 道 类 别	二 级 栏 目	栏目编号（CatID）
山东油气设备网	公司简介	图片、文字	关于我们	0101
			人才招聘	0102
			联系我们	0103
			服务网络	0104
	新闻中心	图片、文字	行业新闻	0201
			公司新闻	0202
	产品中心	图片、文字	天然气设备	0301
			液化气设备	0302
			其他设备	0304
	产品中心	图片、文字	管理系统	0305
			组气方案	0306

表 P3-3　CatalogType

CatID	CatType	CatID	CatType	CatID	CatType

表 P3-4　Catalog

CatID	CatName	CatID	CatName	CatID	CatName

④ 添加系统管理员"webmaster"用户至表 Users，见表 P3-5。

表 P3-5　Users

UserName	Password	RealName	Purview

⑤ 修改 Gls 表，在"PicUrl"字段后面新增"VedioUrl"字段，文本型，字段大小 255。

⑥ 新增"GuestBook"表，见表 P3-6。

表 P3-6　GuestBook

字 段 名	类 型	长 度	说 明
ID	int	IDENTITY 1, 1	留言板 ID
Title	varchar	40	标题
Contact	varchar	100	联系方式
Content	varchar	255	留言内容

字　段　名	类　　型	长　　度	说　　明
WriteTime	datetime	Default now()	留言时间
GuestIP	varchar	40	留言者 IP
Passed	bit		审核通过
Deleted	bit		删除标识
ReContent	varchar	255	回复内容
ReTime	datetime	Default now()	回复时间

⑦ 新增"ViewAllGuestBook"视图：SELECT GuestBook.* FROM GuestBook。

⑧ 新增"ViewGuestBook"视图：SELECT GuestBook.* FROM GuestBook WHERE not deleted and passed。

包含文件

参考项目 2。

动态化功能块

参考项目 2。

后台程序改造

参考项目 2。

任务 3　项目实施

本项目要求学生独立完成，由学生自己制订项目计划，交由指导老师审阅通过后按计划实施。

项目进度

任　　务	计　　划			实　　际			总　　结
	开始时间	结束时间	工期（分钟）	开始时间	结束时间	工期（分钟）	

附录 A

绿蕾教育网数据库方案

一、频道及栏目设：

01 概况：01 关于我们、02 联系我们、03 教师风采、04 投稿说明、05 通知公告
02 新闻动态：01 图片新闻、02 文字新闻、03 教学科研、04 专业文化、05 德育工作
03 技术文章：01 网页制作、02 网络编程、03 图形动画、04 程序设计、05 数据库技术、06 办公应用、07 操作系统、08 硬件技术、09 网络技术
04 招生就业：01 专业设置、02 招生信息、03 认证考试、04 就业动态、05 毕业生追踪
05 图片展示：01 精彩影像、02 活动专题、03 师生风采、04 推荐网站
06 勤工俭学：01 网站建设、02 域名空间、03 网站推广、04 定制软件、05 设计创意、06 多媒体设计、07 客服外包、08IT 外包
07 资源中心：01 工具软件、02 自研软件、03 教学课件、04 专题讲座、05 源码下载、06 网页模板、07 流行音乐、08 精彩动画

二、频道（栏目）类型

图文类：新闻动态、技术文章、招生就业、图文展示
在线视听类：（ASF 音乐/ASF 影视/RAM 音乐/RAM 影视/Flash 动画）视听欣赏
下载类：资源中心
本网站频道（栏目）类型设为 0 和 1 两类，其中 0 对应图文类/在线视听类，1 对应下载类

三、表及相关视图

表 A-1　Users 表

字 段 名	类 型	长 度	说 明
UserID	int	IDENTITY 1, 1	用户 ID
UserName	varchar	50	用户名称
Password	varchar	50	用户口令
RealName	varchar	50	真实姓名

续表

字　段　名	类　　型	长　　度	说　　明
Sex	bit		性别（True 男，False 女）
City	varchar	50	居住城市
UserEmail	varchar	250	电子邮件
Purview	int	Default 0	用户权限编号，关联 UserCat 表
RegTime	datatime	Default now()	注册时间
RegIP	varchar	15	注册时的 IP 地址
LastLoginIP	varchar	15	最后登录 IP 地址
LastLoginTime	datetime	Default now()	最后登录时间
LastLoutTime	datetime	Default now()	最后退出时间
LoginTimes	int	Default 0	登录次数

表 A-2　UserCat 表

字　段　名	类　　型	长　　度	说　　明
Purview	int		权限编号，关联 Users 表 0.未激活会员，等同于游客 1.普通会员，前台浏览 2.VIP 会员，前台浏览 81.普通管理，后台信息采编 82.高级管理员，信息采编与审核 83.系统管理员，所有功能
UserCat	varchar	50	用户类型名称，即权限名称

ViewUsers 视图：

```
SELECT Users.*, UserCat.UserCat
FROM Users INNER JOIN UserCat ON Users.Purview=UserCat.[Purview];
```

表 A-3　Catalog 栏目分类表

字　段　名	类　　型	长　　度	说　　明
CatID	varchar	50 NOT NULL	类别 ID（多级栏目类别管理，每级两位代码）
CatName	varchar	50 NOT NULL	类别名称
CatIcon	Image		栏目图标（gif/jpg）
Readme	varchar	250	说明

表 A-4　CatalogType 一级栏目类型表

（该表要求用 SELECT Catalog.CatID, 0 AS CatType INTO CatalogType FROM [Catalog] WHERE len(CatID)=2 ORDER BY CatID 来建立）。

字　段　名	类　　型	长　　度	说　　明
CatID	varchar	2 NOT NULL	一级类别 ID
CatType	Int	Default 0	类型（0-图文/在线视听，1-下载）

ViewCatalog 栏目视图

SELECT Catalog.*, CatalogType.CatType

FROM [Catalog] INNER JOIN CatalogType ON left(Catalog.CatID,2) = CatalogType.CatID order by Catalog.CatID;

表 A-5 Gls 图文表

字 段 名	类 型	长 度	说 明
ID	int	IDENTITY 1, 1	图文 ID
CatID	varchar	50	类别 ID
Title	varchar	250	图文标题
aKey	varchar	250	关键字
Author	varchar	50,Default "佚名"	作者
CopyFrom	varchar	250	来源
IncludePic	bit		是否包含缩略图
PicUrl	varchar	250	图片 Url
LevelID	int	Default 0	阅读级别 ID，关联 LevelCat 表
Stars	int	Default 3	星级
Brief	varchar	100	简介
Content	text		文章内容
UpdateTime	datetime	Default now()	发表时间
OnTop	bit		置顶标识
Elite	bit		精品推荐
Passed	bit		审核通过
Hits	int	Default 0	点击数
Deleted	bit		删除标识
Editor	varchar	50	编者
Assessor	varchar	50	审核员

表 A-6 LevelCat 表

字 段 名	类 型	长 度	说 明
LevelID	int	Default 0	阅读/下载级别 ID
Level	varchar	20	对应用户权限 Purview 值，0-开放，1-会员以上，2-vip 会员以上，81-内部管理员以上

ViewGls 图文前台用户视图：

SELECT Gls.*, ViewCatalog.CatName, ViewCatalog.CatType, LevelCat.[Level]

FROM Gls, ViewCatalog, LevelCat

WHERE Gls.CatID=ViewCatalog.CatID and Gls.LevelID=LevelCat.LevelID and Gls.passed and not Gls.deleted

ORDER BY Gls.id DESC;

ViewAllGls 图文后台管理视图：

SELECT Gls.*, ViewCatalog.CatName, ViewCatalog.CatType, LevelCat.[Level]

FROM Gls, ViewCatalog, LevelCat

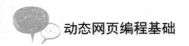

WHERE Gls.CatID=ViewCatalog.CatID and Gls.LevelID=LevelCat.LevelID
ORDER BY Gls.id DESC;

表 A-7　Res 表

字　段　名	类　　型	长　　度	说　　明
ID	int	IDENTITY 1, 1	资源 ID
CatID	varchar	50	类别 ID
Title	varchar	250	资源标题（名称）
aKey	varchar	250	关键字
Author	varchar	50	作者
AuthorEmail	varchar	250	作者邮箱
Homepage	varchar	250	主页
DemoUrl	varchar	250	演示地址
PicUrl	varchar	250	缩图地址
UpdateTime	datetime	Default now()	更新时间
OS	varchar	100	操作系统环境
LanguageID	int	Default 1	语言 ID，关联 LanguageCat 表
CopyrightID	int	Default 1	授权方式 ID，关联 CopyrightCat 表
ResSize	varchar	50	资源大小及单位
LevelID	int	Default 0	下载级别 ID，关联 LevelCat 表
Stars	int	Default 3	星级
Brief	varchar	100	简介
Content	text		详细说明
UrlTitle1	Varchar	50	下载地址标题 1
Url1	varchar	250	下载地址 1
UrlTitle2	Varchar	50	下载地址标题 2
Url2	varchar	250	下载地址 2
UrlTitle3	Varchar	50	下载地址标题 3
Url3	varchar	250	下载地址 3
UrlTitle4	Varchar	50	下载地址标题 4
Url4	varchar	250	下载地址 4
OnTop	bit		置顶标识
Elite	bit		精品推荐
Passed	bit		审核通过
Hits	int	Default 0	点击数
DownCount	int	Default 0	下载次数
Deleted	bit		删除标识
Editor	varchar	50	编者
Assessor	varchar	50	审核员

表 A-8 LanguageCat 表

字 段 名	类 型	长 度	说 明
LanguageID	int		语言 ID
Language	varchar	8	1-简体，2-繁体，3-英文，4-其他

表 A-9 CopyrightCat 表

字 段 名	类 型	长 度	说 明
CopyrightID	int		授权方式 ID
Copyright	varchar	8	（1-免费，2-共享，3-其他）

ViewRes 资源前台用户视图：

```
SELECT Res.*, ViewCatalog.CatName, ViewCatalog.CatType,

 LanguageCat.[Language], CopyrightCat.Copyright, LevelCat.[Level]
FROM   Res, ViewCatalog, LanguageCat, CopyrightCat, LevelCat
WHERE Res.CatID=ViewCatalog.CatID And Res.LanguageID=LanguageCat.LanguageID And
Res.CopyrightID=CopyrightCat.CopyrightID And Res.LevelID=LevelCat.LevelID And Res.passed And
Not Res.deleted
ORDER BY Res.id DESC;
```

ViewAllRes 资源后台管理视图：

```
SELECT Res.*, ViewCatalog.CatName, ViewCatalog.CatType,
 LanguageCat.[Language], CopyrightCat.Copyright, LevelCat.[Level]
FROM Res, ViewCatalog, LanguageCat, CopyrightCat, LevelCat
WHERE Res.CatID=ViewCatalog.CatID And Res.LanguageID=LanguageCat.LanguageID And
Res.CopyrightID=CopyrightCat.CopyrightID And Res.LevelID=LevelCat.LevelID
ORDER BY Res.id DESC;
```

ViewGlsRes 图文及资源前台用户视图：

```
SELECT ID,CatID,Title,aKey,Author,[Level],Stars,Brief, UpdateTime,OnTop,Elite,Hits,
CatName,CatType
FROM ViewGls
UNION
SELECT ID,CatID,Title,aKey,Author,[Level],Stars,Brief, UpdateTime,OnTop,Elite,Hits, CatName,
CatType
FROM ViewRes;
```

ViewAllGlsRes 图文及资源后台管理视图：

```
SELECT ID,CatID,Title,Author,UpdateTime,OnTop,Elite,Passed,Deleted,CatName,CatType
FROM ViewAllGls
UNION SELECT ID,CatID,Title,Author,UpdateTime,OnTop,Elite,Passed,Deleted,CatName,CatType
FROM ViewAllRes;
```

表 A-10　Comment 评论表

字　段　名	类　　型	长　度	说　　明
ID	int	IDENTITY 1, 1	评论 ID
ObjectID	int		评论对象 ID
CatID	varchar	6	评论对象所属类别 ID
UserName	varchar	50	用户名称
Email	varchar	250	评论员邮电
Homepage	varchar	250	评论员主页
IP	varchar	15	评论员 IP
WriteTime	datetime		发布时间
Stars	int	Default 3	星级
Content	text		内容(不超过 200 字)
Passed	bit		审核通过
Deleted	bit		删除标识
Assessor	varchar	50	审核员

ViewComment 评论前台用户视图：

```
SELECT Comment.*
FROM Comment
WHERE not deleted and (passed or now()-WriteTime>=1)
ORDER BY ID DESC;

SELECT Comment.*
FROM Comment
WHERE (Deleted = 0) AND (Passed = 1) OR
      (Deleted = 0) AND ({ fn NOW() } - WriteTime >= 1)
ORDER BY ID DESC
```

ViewAllComment 评论后台管理视图：

```
SELECT Comment.*
FROM Comment
ORDER BY ID DESC;
```

表 A-11　Vote 投票表

字　段　名	类　　型	长　度	说　　明
ID	int	IDENTITY 1, 1	投票 ID
Title	varchar	250	投票标题
Content	text		投票内容
Select1	varchar	250	选项 1
Answer1	int	Default 0	答题 1
Select2	varchar	250	选项 2
Answer2	int	Default 0	答题 2
Select3	varchar	250	选项 3
Answer3	int	Default 0	答题 3

字 段 名	类 型	长 度	说 明
Select4	varchar	250	选项 4
Answer4	int	Default 0	答题 4
Select5	varchar	250	选项 5
Answer5	int	Default 0	答题 5
Select6	varchar	250	选项 6
Answer6	int	Default 0	答题 6
Select7	varchar	250	选项 7
Answer7	int	Default 0	答题 7
Select8	varchar	250	选项 8
Answer8	int	Default 0	答题 8
VoteTime	datetime	Default now()	投票时间
VoteType	bit		投票类型（单选 True/多选 False）
Selected	bit		当前投票

ViewAllVote 调查后台管理视图：

```
SELECT *
FROM Vote
ORDER BY id DESC;
```

表 A-12　FriendSite 友情链接表

字 段 名	类 型	长 度	说 明
ID	int	IDENTITY 1, 1	友情链接 ID
LinkType	int	Default 1	链接类型（1-文字，2-图片）
SiteName	varchar	50	网站名称
SiteUrl	varchar	250	网站 Url
SiteBrief	varchar	250	网站简介
LogoUrl	varchar	250	Logo 地址
SiteAdmin	varchar	50	站长
Email	varchar	250	
Passed	Bit		审核通过
Deleted	Bit		删除标识
Assessor	Varchar	50	审核员

ViewFriendSite 友情链接前台用户视图：

```
SELECT *
FROM FriendSite
WHERE passed and not deleted
ORDER BY id DESC;
```

ViewAllFriendSite 友情链接后台管理视图：

```
SELECT *
FROM FriendSite
ORDER BY id DESC;
```

表 A-13　AD 广告表

字 段 名	类 型	长 度	说 明
LocationID	varchar	50	广告位编号
Spec	varchar	50	规格（宽*高）
Title	varchar	50	广告标题
CopyFrom	varchar	250	来源
Brief	varchar	250	简介
Content	varchar	250	广告源码
UpdateTime	Datetime	Default now()	发表时间
Passed	varchar	250	审核通过
Editor	Bit		编者
Assessor	Varchar	50	审核员

ViewAD 广告前台用户视图：

```
SELECT *
FROM Ad
WHERE Passed and Content<>"";
```

表 A-14　广告位编号及规格

LocationID	Spec
ArtInfo01	250*n
ArtInfo02	710*90
ArtInfo03	710*90
Head01	970*90
Index01	120*60
Index02	970*90
Index03	970*90
list01	250*n
ResInfo01	250*n
ResInfo02	710*90
ResInfo03	400*60
ResInfo04	710*90
ResInfo05	710*90
ResInfo06	710*90
Search01	250*n

统计视图：

　　二级栏目所属的文章数量InfoCnt

```
SELECT left(CatID,2) as VCatID,count(*) as CatCnt
from Gls
group by left(CatID,2)
UNION SELECT left(CatID,2), count(*)
FROM Res
group by left(CatID,2);
```

附录 B

学校机房环境配置推荐方案

1. 学校机房网络拓扑图

网络简介

（1）网络接入

对于独立机房，可使用 ADSL 或光缆接入。对于具备校园网的学校，可用直接网线接入。学校机房网络拓扑图如图 B-1 所示。

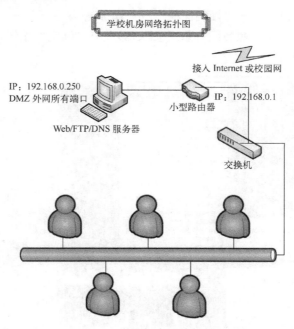

图 B-1　学校机房网络拓扑图

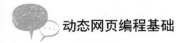

（2）小型路由器

推荐选购市场流行的小型宽带路由器，使用路由器在机房内建立一个独立的网络环境便于网络管理。

（3）服务器

一般采用普通计算机即可，如果是通过 ADSL 或者其他方式直接接入 Internet，建议选用入门级网络服务。服务器应至少安装 Web、FTP 和 DNS 服务。该计算机可兼作教师机使用。

建议服务器硬盘分为 C 和 D 两个区，其中 C 盘为系统盘，建议分配 30GB 空间；D 盘为数据盘，建议所有剩余空间分配给 D 盘。

建议安装"一键还原"之类的硬盘备份软件，便于系统崩溃时能快速恢复。

（4）交换机

普通 100MB 交换机即可。

（5）学生用计算机

硬件无特殊要求。安装软件主要有 Office（Word/Excel/Access/Visio）2007 及以上版本、Dreamweaver CS6、Photoshop CS6、Fireworks CS6、Flash CS6、FTP 客户端软件等。

为了便于管理，学生机硬盘采用全盘还原，学生每次上机开始从服务器下载所需文件，下课前将所有文件上传到服务器。

2．DNS 配置

■ 操作步骤

（1）安装 DNS 服务

执行"开始"→"设置"→"控制面板"→"添加/删除程序"→"添加/删除 Windows 组件"→"网络服务"→选择"域名服务系统（DNS）"→"确定"按钮进行安装。

（2）打开 DNS 控制台

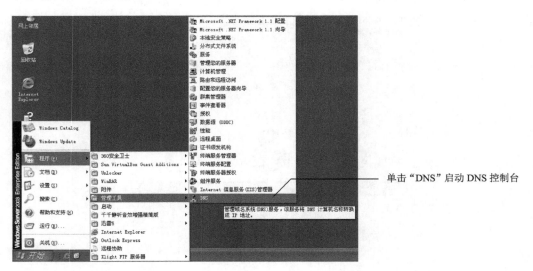

单击"DNS"启动 DNS 控制台

（3）创建 DNS 正相解析区域（按图中所示步骤操作，以下同）

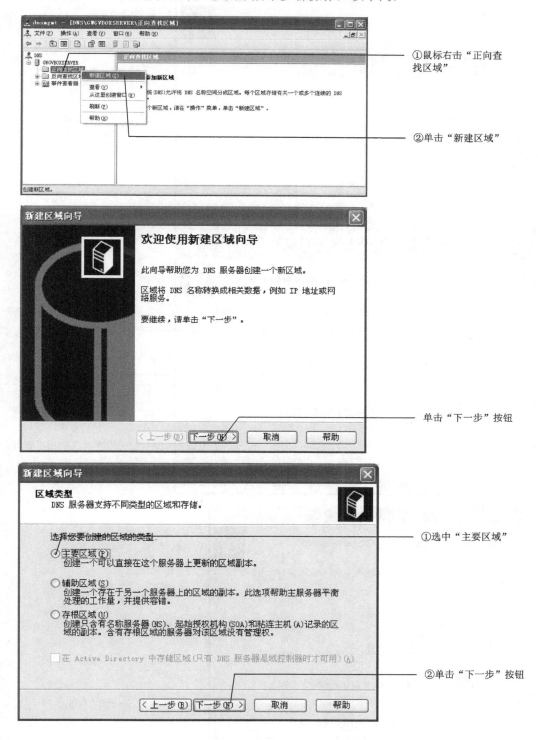

①鼠标右击"正向查
找区域"

②单击"新建区域"

单击"下一步"按钮

①选中"主要区域"

②单击"下一步"按钮

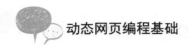

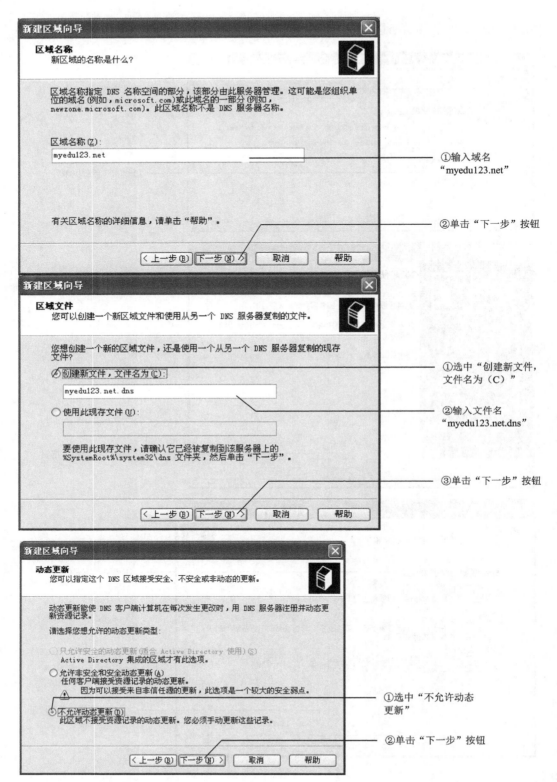

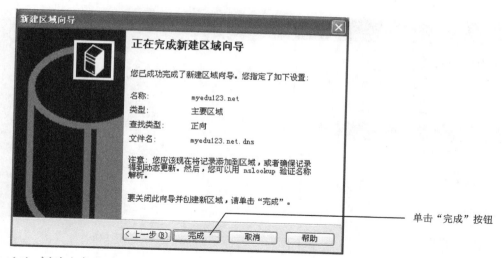

（4）创建主机记录

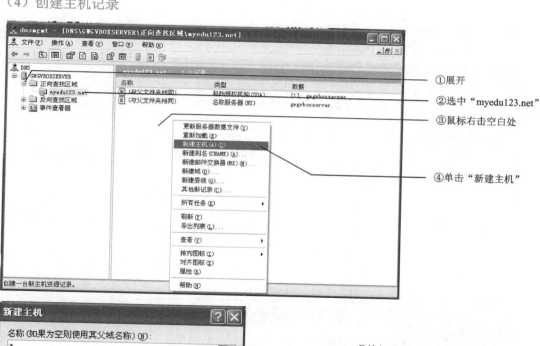

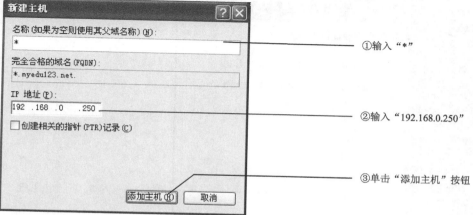

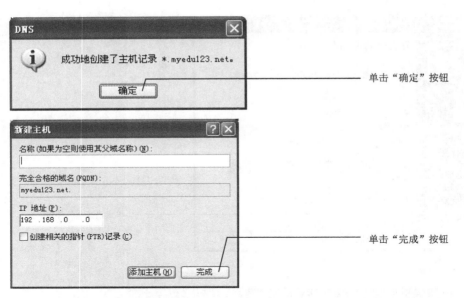

单击"确定"按钮

单击"完成"按钮

（5）创建 DNS 反向解析区域

①鼠标右击"反向查找区域"

②单击"新建区域"

单击"下一步"按钮

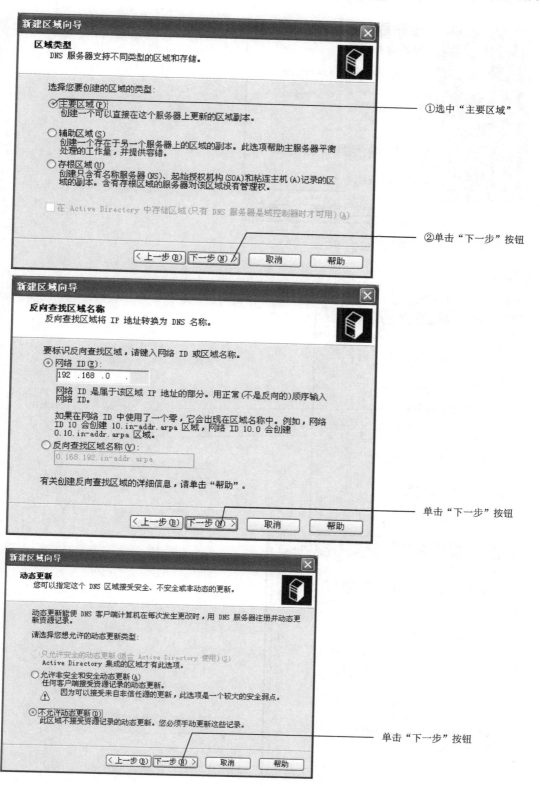

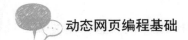 动态网页编程基础

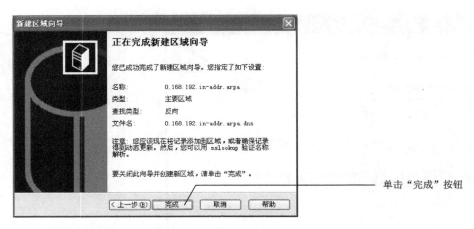

单击"完成"按钮

3. 网络客户端（学生机）配置

操作步骤

按图中所示步骤操作。

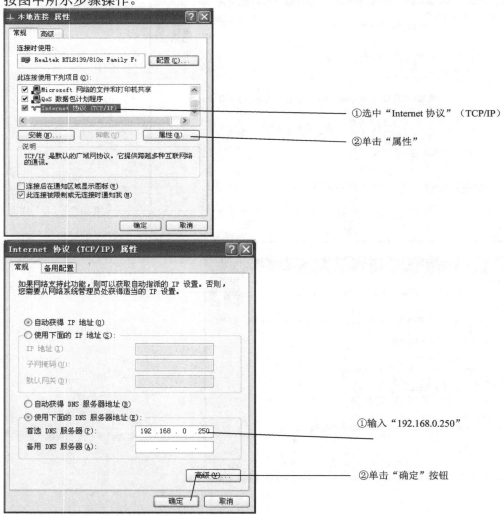

①选中"Internet 协议"（TCP/IP）

②单击"属性"

①输入"192.168.0.250"

②单击"确定"按钮

4．服务器用户环境配置

（1）学生用文件夹配置

为了便于管理，学生机硬盘采用全盘还原，学生每次上机开始从服务器下载所需文件，下课前将所有文件上传到服务器。文件夹配置详见图 B-2。其中，"database"文件夹（含子目录）设置为"Internet 来宾"完全控制。

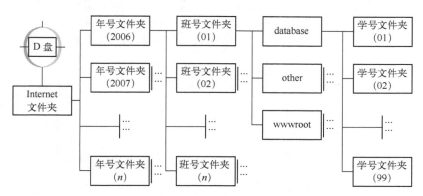

图 B-2　学生用文件夹配置图

（2）学生 Web 空间配置

为每个学生建立独立的网站，网站主目录指向各自对应的"wwwroot"下面的"学号"文件夹。例如，2006 级 99 班 99 号同学的网站主目录为"D:\Internet\2006\99\wwwroot\99"。

为每个学生指定独立的网站，年级班级学号.myedu123.net。

（3）学生 FTP 账号

FTP 服务器软件推荐用"Xlight"FTP 服务器。建议购买专业版，可实现数据库管理 FTP 用户。

① 建立组账号，组账号至少设定一个只读文件夹，如图 B-3 所示，用于存放提供给学生下载的各类资料。

图 B-3　myedu123 组目录

② 为每个学生建立独立的 FTP 账号，虚拟目录配置如图 B-4 所示。启用磁盘空间配额，暂定 100MB。

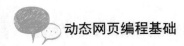

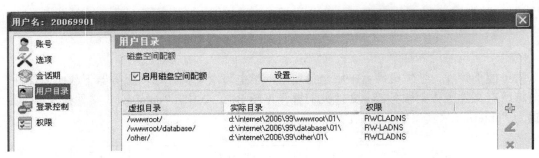

图 B-4　学生 FTP 目录配置